抗震救灾实用手册

中国地震局宣传教育中心

人民出版社

前　言

2008 年四川汶川特大地震夺去了数万人的生命,2010 年青海玉树强烈地震再次让几千人丧生,灾区人民蒙受了巨大的生命和财产损失! 新中国成立以来,地震造成的死亡人数高达 36 万余人,比其他各类自然灾害造成死亡人数的总和还多。统计表明,我国约占全球陆地面积的 7%,发生的 7 级以上大陆地震却占到 35%,平均每年发生 20 次 5 级以上地震。这一串串让人揪心的数字,一次次提醒我们必须正视地震强度大、分布广、频率高、损失重的国情!

地震是一种自然现象,人类没有力量阻止它的发生,但预防与不预防效果确实大不一样,灾前的预防比灾后的救援更加经济也更加人道。如何才能最大限度地减轻地震灾害? 党中央、国务院对此高度重视。胡锦涛总书记明确指示,防灾减灾能力是保护人民生命财产安全、保卫改革开放和社会主义现代化建设成果的必然要求,必须进一步加强防灾减灾工作,显著提高防灾减灾能力。几十年的实践表明,防御与减轻地震灾害,必须坚持防御与救助相结合,走综合防御的道路。灾前的预防主要包括以提高建筑抗震能力为主要内容的工程性防御和以提高公众防震减灾意识及能力为主要内容的非工程性防御。当前,我国公众的防震减灾意识普遍比较淡薄,防震避险知识技能的掌握程度也普遍偏低,表现在许多民众对地震及其灾害知识知之不多,既缺乏危机意识,又对地震过于恐惧,难以做到科学正确地应对地震这种自然灾害。通过大力开展防震减灾科学知识的宣传普及教育,提高公众依法、积极、主动参与防震减灾的意识,形成全社会共同科学正确应对地震灾害的局面,十分迫切而重要。这本关于防震减灾的科普读物比较通俗易懂,深入浅出地介绍了地震及其灾害的基本常识、震后科学应对、灾后疫病防控、灾后心理健康及农村民居抗震措施等方面的知识,对于公众尤其是灾区群众,正确了解防震减灾基本知识,掌握地震发生后的防震避险技能,认识自然现象和提高科学文化素养具有重要作用。

参加本书编写的人员主要有邹文卫、董晓光、李巧萍、李松阳、李桂莲、陈国营等同志,杜玮、黎益仕、孙福梁、王英、李永林、金雷等同志对全书进行了审查。

本书是为满足青海玉树7.1级地震抗震救灾需求而紧急创作出版的,由于时间紧迫,不妥之处在所难免,敬请读者谅解、指正。

编写组

2010 年 4 月

目　录

一、地震基本知识

人类赖以生存的地球无时无刻不处于运动变化之中。而地震是地球运动变化过程中的一种伴生现象,地震灾害已经成为自然界最为严重的自然灾害之一。那么地震又是怎么发生的,地震灾害有什么显著特点呢?

1. 地震与断层

简言之,地震即地球表层的震动,它是地球内部物质运动的结果。这种运动反映在地壳内,使得地壳中的岩层产生破裂,便形成断层,造成地震。

2. 地震成因

地球表面并不是一块完整的岩石,而是由大小不等的板块彼此镶嵌组成的,其中最大的有七块,它们是南极板块、欧亚板块、北美板块、南美板块、太平洋板块、印度板块和非洲板块。这些板块在地幔上面每年以几厘米到十几厘米的速度进行漂移运动,相互挤压碰撞,其运动的结果使地壳产生破裂或错动,这便是地震产生的主要原因。(图1-1)

图 1－1

3. 地震类型

宏观上我们将地震分为天然地震、人工地震和诱发地震三大类。按照地震的成因，我们又将天然地震划分为构造地震、火山地震、塌陷地震等。地震灾害主要是由构造地震造成的。

构造地震　　由于地下深处岩层错动、破裂造成，这类地震发生次数最多，破坏力也最大；

火山地震　　由于火山作用，如岩浆活动、气体爆炸等引起；

塌陷地震　　由于地下岩洞或矿井顶部塌陷引起；

诱发地震　　由于水库蓄水、油田注水等活动引发；

人工地震　　由于地下核爆炸、炸药爆破等人为因素引起的地面震动。

4. 地震灾害的特点

与其他自然灾害相比,地震灾害具有瞬间发生、破坏剧烈、次生灾害严重、社会影响深远等特点。地震灾害的广泛性、毁灭性、猝发性和难以防备性,给人类带来了巨大灾难。

5. 全球地震分布

根据板块学说,全球大部分地震发生在板块的边界上,一部分发生在板块内部的活动断裂上。

全球主要地震活动带包括:环太平洋地震带,欧亚地震带和海岭地震带。

6. 我国是一个地震灾害严重的国家

我国地处世界两大地震带——环太平洋地震带与欧亚地震带之间,是一个多地震的国家,绝大多数省份都发生过 6 级以上强烈地震。根据 20 世纪全球资料统计,我国在全球陆地面积 7% 的国土上,发生了 35% 的 7 级以上大陆地震;我国大陆平均每年发生 20 次 5 级以上地震。历史上我国发生过多次强烈地震,造成了严重的伤亡。如 1920 年宁夏海原 8.6 级地震,死亡 23.4 万人;1976 年河北唐山地震,死亡 24.2 万人;2008 年四川汶川地震,死亡 8.9 万人。

7. 震级、烈度及其区别

震级是地震大小的度量,震级大小反映不同地震释放能量的差异;地震烈度是地震引起的地面震动及其影响的强弱程度。它们是衡量地震的两把"尺子"。一次地震只有一个震级,但烈度不止一个。一般离震中近的地方破坏大,烈度高;反之破坏小,烈度低。

8. 中国地震烈度表

地震烈度表　用于评估地震造成的地面及房屋等建筑物的破坏程度,同时,它也是表示地震破坏力大小的一种方式。地震越大,震源越浅,它产生的破坏就越大,地震烈度就越大。

中国地震烈度表

地震烈度	人的感觉	房屋震害			其他震害现象	水平向地震动参数	
		类型	震害程度	平均震害指数		峰值加速度 m/s²	峰值速度 m/s
Ⅰ	无感	—	—	—	—	—	—
Ⅱ	室内个别静止中的人有感觉	—	—	—	—	—	—
Ⅲ	室内少数静止中的人有感觉	—	门、窗轻微作响	—	悬挂物微动	—	—
Ⅳ	室内多数人,室外少数人有感觉,少数人梦中惊醒	—	门、窗作响	—	悬挂物明显摆动,器皿作响	—	—
Ⅴ	室内绝大多数、室外多数人有感觉,多数人梦中惊醒	—	门窗、屋顶、屋架颤动作响,灰土掉落,个别房屋墙体抹灰出现细微裂缝,个别屋顶烟囱掉砖	—	悬挂物大幅度晃动,不稳定器物摇动或翻倒	0.31 (0.22~0.44)	0.03 (0.02~0.04)

续表

地震烈度	人的感觉	房屋震害			其他震害现象	水平向地震动参数	
		类型	震害程度	平均震害指数		峰值加速度 m/s²	峰值速度 m/s
Ⅵ	多数人站立不稳,少数人惊逃户外	A	少数中等破坏,多数轻微破坏和/或基本完好	0.00~0.11	家具和物品移动;河岸和松软土出现裂缝,饱和砂层出现喷砂冒水;个别独立砖烟囱轻度裂缝	0.63 (0.45~0.89)	0.06 (0.05~0.09)
		B	个别中等破坏,少数轻微破坏,多数基本完好				
		C	个别轻微破坏,大多数基本完好	0.00~0.08			
Ⅶ	大多数人惊逃户外,骑自行车的人有感觉,行驶中的汽车驾乘人员有感觉	A	少数毁坏和/或严重破坏,多数中等和/或轻微破坏	0.09~0.31	物体从架子上掉落;河岸出现塌方,饱和砂层常见喷水冒砂,松软土地上地裂缝较多;大多数独立砖烟囱中等破坏	1.25 (0.90~1.77)	0.13 (0.10~0.18)
		B	少数中等破坏,多数轻微破坏和/或基本完好				
		C	少数中等和/或轻微破坏,多数基本完好	0.07~0.22			

续表

地震烈度	人的感觉	房屋震害			其他震害现象	水平向地震动参数	
		类型	震害程度	平均震害指数		峰值加速度 m/s²	峰值速度 m/s
Ⅷ	多数人摇晃颠簸,行走困难	A	少数毁坏,多数严重和/或中等破坏	0.29～0.51	干硬土上出现裂缝,饱和砂层绝大多数喷砂冒水;大多数独立砖烟囱严重破坏	2.50 (1.78～3.53)	0.25 (0.19～0.35)
		B	个别毁坏,少数严重破坏,多数中等和/或轻微破坏				
		C	少数严重和/或中等破坏,多数轻微破坏	0.20～0.40			
Ⅸ	行动的人摔倒	A	多数严重破坏或/和毁坏	0.49～0.71	干硬土上多处出现裂缝,可见基岩裂缝、错动,滑坡、塌方;独立砖烟囱多数倒塌	5.00 (3.54～7.07)	0.50 (0.36～0.71)
		B	少数毁坏,多数严重和/或中等破坏				
		C	少数毁坏和/或严重破坏,多数中等和/或轻微破坏	0.38～0.60			
Ⅹ	骑自行车的人会摔倒,处在不稳状态的人会摔离原地,有抛起感	A	绝大多数毁坏	0.69～0.91	山崩和地震断裂出现,基岩上拱桥破坏;大多数独立砖烟囱从根部破坏或倒毁	10.00 (7.08～14.14)	1.00 (0.72～1.41)
		B	大多数毁坏				
		C	多数毁坏和/或严重破坏	0.58～0.80			

续表

地震烈度	人的感觉	房屋震害			其他震害现象	水平向地震动参数	
		类型	震害程度	平均震害指数		峰值加速度 m/s²	峰值速度 m/s
XI	—	A	绝大多数破坏	0.89～1.00	地震断裂延续很大，大量山崩滑坡	—	—
		B					
		C		0.78～1.00			
XII	—	A	几乎全部毁坏	1.00	地面剧烈变化，山河改观	—	—
		B					
		C					

注：表中给出的"峰值加速度"和"峰值速度"是参考值，括弧内给出的是变动范围。

说明：用于评定烈度的房屋，包括以下三种类型：

A 类：木构架和土、石、砖墙建造的旧式房屋；

B 类：未经抗震设防的单层或多层砖砌体房屋；

C 类：按照Ⅶ度抗震设防的单层或多层砖砌体房屋。

9. 震级的分类

地震按震级大小的划分大致如下：

弱震　震级小于 3 级。如果震源不是很浅，这种地震人们一般不易觉察。

有感地震　震级大于或等于 3 级、小于或等于 4.5 级。这种地震人们能够感觉到，但一般不会造成破坏。

中强震　震级大于 4.5 级、小于 6 级，属于可造成损坏或破坏的地震，但破坏程度还与震源深度、震中距和震中地区的地形构造及建筑性能等多种因素有关。

强震　震级大于或等于 6 级，是能造成严重破坏的地震。其中震级大于或等于 8 级的又称为巨大地震。

10. 地震直接灾害

地震直接灾害是指由地震的原生现象,如地震断层错动、大范围地面倾斜、升降和变形,以及地震波引起的地面震动等造成的直接后果。一般分为三种情形:建(构)筑物的破坏、地表的破坏及地震波引起的海水激荡,其中以地震海啸规模最大。

11. 地震次生灾害

强烈地震使建(构)筑物和自然物体遭到破坏后,导致一系列继发性异常现象出现所形成的灾害,称为地震的次生灾害。地震引起的次生灾害主要有火灾、水灾、山崩、滑坡、泥石流、核泄漏或毒气泄漏、瘟疫以及海啸等。

地震次生灾害源是指易燃、易爆物品,有毒物质的贮存设施等。有些工程遭地震破坏后也可能引发严重次生灾害,如水库大坝、河湖堤防等。

火灾　由房屋倒塌造成煤气泄漏或其他明火引起,也可由化工厂或化学品储藏设施中易燃易爆气体泄漏或爆炸而引起。(图1-2)

水灾　由地震引起水坝决口或山崩壅塞河道形成堰塞湖继而垮坝等引起。

山崩　在陡峻山坡上岩块、土体在地震和重力作用下,发生突然的急剧倾落运动。崩塌的物质称为崩塌体。

滑坡　土体、岩块或堆积物在地震和重力作用下沿坡作整体下滑运动。滑动的岩块、土体称为滑动体;下滑的底面称

图 1-2

为滑动面。

　　泥石流　因地震造成的崩塌滑坡等固体物质(泥、沙、石块和巨砾)集中于沟谷中或坡地上,再由于暴雨、冰雪融水等水源激发后所产生的大量泥沙、石块等特殊洪流。在空间分布上,泥石流主要形成于断裂构造发育或新构造运动活跃、地震频发、降水集中且多局地性暴雨和水土流失严重的山区。

　　核泄漏或毒气泄漏　由核设施或有毒物质储存装置在地震中破坏等引起的泄漏。

　　瘟疫　由震后生态环境和生活条件受到极大破坏所引起。地震发生后,大量房屋倒塌,下水道堵塞;人畜尸体腐烂,污水、粪便和垃圾缺乏管理,形成大量传染源,导致水源、空气污染严重,再加上临时避难地人口密集,卫生条件差,容易滋生蚊蝇、病菌。另外,灾民在精神上受到打击,正常生活规律被打乱,肌体抵抗力下降。所以,极易引发一些传染病并迅速蔓延。历史上就有"大震后必有大疫"的说法。

　　海啸　由海底地震在一定条件下引起。由于海底激烈的地壳变化,造成大片水域突然上升或下降所引起的大海浪。海啸常造成巨大的灾害。

　　地震次生灾害所造成的损失有时甚至超过地震直接灾害。

12. 地震诱发灾害

　　由地震灾害引发的种种社会性灾害,称之为地震诱发灾害。广义地说,它也是一种继发性的灾害,如瘟疫与饥荒、通信事故、交通事故以及被称为"第三次灾害"的计算机事故等,这些灾害是否发生或灾害大小,往往与社会条件有更为密切的关系。

13. 地震成灾的条件

　　地震是一种自然现象,只有当其对人类社会及其生存条件造成了损伤和破坏,才成为一种灾害。地震是否成灾取决于地震强度、震中的位置、发震的时间及其预防的程度等。

14. 地震三要素和地震灾害五要素

　　地震发生的时间、地点以及震级,称为地震三要素。
　　若要了解地震灾害的情况,就必须知道伤亡人数和经济损失的大小。所以,地震的时间、地点、震级以及地震灾害的伤亡人数和经济损失称之为地震灾害五要素。

15. 地震名词(描述地震的基本参数)

震源　地震时地下岩石断层发生破裂或错动的地方。对于大地震而言,断层破裂或错动长度甚至长达数百千米,我们把断层破裂或错动的初始点称为震源。

震中　震源在地面上的投影,称为震中,震中周围地区称为震中区。(图1-3)

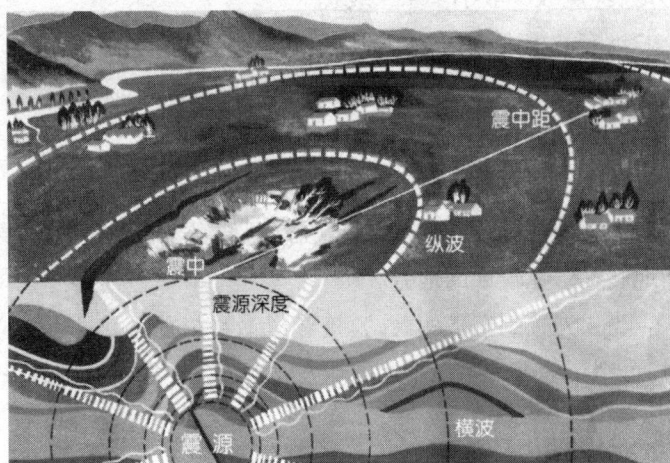

图1-3

震源深度　震源垂直向上到地表的距离。

震中距　地面上某点到震中的距离就是震中距。

等震线　以宏观震中为中心,勾画出的地面上相邻的不同烈度区的曲线为等震线。

极震区　地震后地面上遭受破坏最严重的地区。

主震　成群发生的地震,其中最大的一次地震称主震。

余震　主震后发生的一系列地震叫余震。

地方震　震中距在 100 千米以内的地震。

浅源地震　震源深度在 60 千米以内的地震。

中源地震　震源深度在 60～300 千米之间的地震。

深源地震　震源深度在 300 千米以上的地震。

有感地震　一般地说,人有感觉但无破坏的地震,称为有感地震(震级一般小于 4.5 级)。

近震　震中距在 100～1000 千米的地震称为近震。

远震　震中距在 1000 千米以上的地震称为远震。

16. 近震与远震的判断方法

当感到前后或左右摇晃,或在高层楼房才有震感时,可判断地震发生在较远的地方。

当人先感到上下颠簸,紧接着又感到左右摇晃难以自立时,可判断地震发生在不远的地方或者人就在震中区。

17. 纵波和横波

在地球岩层内部传播的地震波的地震体波包含地震纵波和地震横波两种。振动方向与传播方向一致的波为纵波(P波)。来自地下的纵波引起地面上下颠簸振动。振动方向与传播方向垂直的波为横波(S 波)。来自地下的横波能引起地面的水平晃动。由于纵波在地球内部传播速度大于横波,所

以地震时,纵波总是先到达地表,而横波总落后一步。这样,
发生较大的近震时,一般人们先感到上下颠簸,过数秒到十几
秒后才感到有很强的水平晃动。

18. 破坏性地震

破坏性地震是指震级较大,一般震级大于 5 级,会对建
(构)筑物和地表造成破坏,导致人员伤亡及财产损失的地
震。

19. 防震减灾的基本内容

"防震减灾"是防御和减轻地震灾害的简称,是涉及整个
社会的一项系统工程,工作内容概括为地震监测预报、地震灾
害防御、地震应急救援、地震灾后过渡性安置与恢复重建和地
震科学技术研究等。

20. 地震速报

地震速报是对已发生地震的时间、地点、震级等要素的快
速测报。

21. 地震的地表破坏

地裂缝　强震会造成大量的地表裂缝。地表裂缝可分为
两种类型,一种是由于地下断层错动延伸至地表的裂缝,称之
为构造地裂缝。它与地下断裂带的走向相一致,规模较大,常
呈带状出现,有时可延续几千米、几十千米甚至上百千米,裂
缝宽度和错动达数十厘米甚至数米。另一种地裂缝是分布在

河湖岸边、古河道、陡坡及较厚的饱和软土层地区的地表裂缝。其规模一般较小,但对房屋和其他工程设施产生危害。

地面塌陷　地面塌陷经常会造成地面结构物的不均匀沉降,严重时可使大量建筑物下陷。地面塌陷多发生在岩溶洞、采空的地下矿井以及在松软而富有压缩性的土层中。

砂土液化　砂土的稳定是依靠砂粒间的摩擦力来维持的。如果建筑物基底是粉细沙并富含孔隙水,在地震的持续震动之下,砂土趋向密实,迫使孔隙水压力上升,砂粒间的压力和摩擦力减小,使砂土失去抗剪能力,形成流动性,地基就失去稳定和承载力,房子就会往下沉,引起倾斜甚至倒塌。在宏观现象上,砂土液化表现为平地喷砂冒水,建筑物沉陷、倾倒或滑移,堤岸滑坡等等。1964 年美国阿拉斯加地震、1964 年日本新潟地震、1975 年中国海城地震和 1976 年中国唐山地震都有饱和砂土的液化现象。

22. 地震谣言特征

地震谣言的特征:"预报"的地震震级很精确,发震时间、地点很具体;带有封建迷信色彩或离奇古怪传说。

23. 什么是地震预测?

是指用科学的思路和方法,对未来地震(主要指强烈地震)的发震时间、地点和强度(震级)作出推测。

24. 我国地震预测水平如何?

地震预测是十分复杂的世界性科学难题,我国在 40 多年前才开始正式进行地震预测的探索。现在,我们对地震孕育发生的原理和规律有所认识,但还十分肤浅;我们已经能够对某些类型的地震作出一定程度的预测,但还不能对大多数地震都作出准确的预测。

25. 地震观测环境的保护

地震观测环境是指保证地震监测设施正常发挥工作效能的周围各种因素的总体。保持符合观测要求的观测环境长期稳定,为地震预测研究提供可靠的观测数据,是地震观测的基本要求之一。

26. 地震预报是如何发布的?

我国对地震预报实行统一发布制度。全国性的地震长期预报和地震中期预报意见由国务院发布。省、自治区、直辖市行政区域内的地震预报意见由省、自治区、直辖市人民政府按照国务院规定的程序发布。任何单位和个人都无权向社会散布地震预测意见。凡未经政府认可的地震预报信息,均属地震传言,不可轻信。

27. 地震前兆

岩石体在地应力作用下,在应力应变逐渐积累和加强的过程中,会引起震源及其附近物质发生物理、化学、生物和气象等一系列异常变化,我们称这些与地震孕育、发生有关联的异常变化现象为地震前兆,地震前兆与地震发生不是一一对应的关系。地震前兆又分微观前兆和宏观前兆。

由仪器测量出的地壳变形、重力、地磁、地电、水文、地球化学、地下流体（水汽、油、气）动态、应力、应变、气象异常为微观前兆。人的感官能直接觉察到的地震前兆现象称为地震的宏观前兆，简称宏观前兆。地声、地光、喷油、喷气、气味、气雾、地下水异常、喷沙、动物行为异常、植物异常等均为宏观前兆。

28. 应急避难场所

一旦发生重大灾害，大量被疏散人员要有相应的空间进行就近安置，并且给予最基本的生活和物资的保障。因此，建立紧急避难场所是应对灾害的重要措施。按照要求，紧急避难场所要距离住宅区较近，一般都建立在公园、绿地、广场和空地。长期固定的避难场所主要为城市公园、区级公园、大型体育场、学校操场等。紧急避难场所应易于搭建帐篷及临时建筑，并配套建设应急供水、应急供电、应急医疗救护、应急物资供应用房、应急垃圾及污水处理设施，并配备消防器材等，有条件的还建设洗浴设施，设置应急停机坪。一些特殊设施，如预先设置排污管道，用于搭建临时厕所；设置底脚平台用于搭建帐篷等，以备紧急时使用。

2003年，北京市在元大都遗址公园建立了我国第一个应急避难场所。目前，我国各主要城市均把紧急避难场所建设列为城市基础建设的重要内容。

29. 地震紧急救援志愿者

对于地震紧急救援而言，地震灾害专业救援队专业性强、效率高,但数量有限,虽然可以实施大规模的救援,但到达震区仍需要一定时间。当上述专业救援力量未赶到时,遭受震灾的群众要靠自救、互救行动拯救生命,而获救时间越短救活率就越高。若能培养和训练当地的地震紧急救援志愿者,并配备一定的装备,使他们在震后及时、有序地实施自救、互救行动;在专业救援力量到达之后,还可与其配合开展进一步的人员搜救、抢救等工作,就能将人员伤亡降到最低限度。这就是地震紧急救援志愿者的重要作用。因此,我国很多城市都建立了城市社区地震紧急救援志愿者队伍。城市志愿者队伍的建设工作是我国地震紧急救援体系的一个重要组成部分,是地震应急救援工作面向社会的新尝试和拓展。

二、震前科学设防

根据当前的科技发展水平,地震的准确预报还是一个世界性的科学难题,因而做好震前的科学防范工作是减轻地震灾害的重要措施。

(一)震灾预防

震灾预防是指地震发生之前应做的防御性工作,主要包括地震安全性评价、震害预测、工程抗震、社会防灾等方面的工作,它是我国地震综合防御对策中的重要内容之一。

保证工程质量和抗震设防是减轻地震灾害的关键。抗震设防的重点是重大建设工程、生命线工程以及不符合抗震设防要求的建筑,在进行房屋建筑和工程建设过程中一定要注意建筑场地选址,做好建筑工程设防是减少人员伤亡的根本。

地震安全性评价 完整的提法应是"建设工程场地地震安全性评价",是指根据对建设工程场地条件和场地周围地震活动与地震地质环境的分析,按照工程设防的风险水准,给出与工程抗震设防要求相应的地震烈度和地震动参数(或地震烈度),以及场地的地震地质灾害预测(评估)结果。

地震小区划 地震小区划是根据地震区划图及某一区域

(场地)范围内的具体场地条件,给出抗震设防的详细要求。

震害预测　震害预测是根据当地未来破坏性地震的烈度及其社会经济情况、人口密集程度和建筑物抗震性能等因素,预测未来地震可能的震害类型、分布情况和造成的人员伤亡和财产、经济损失程度。

工程抗震　工程抗震是指对地震防御区内新建和改建的建筑物和工程设施进行抗震设防,对现有的建筑和工程设施进行加固。工程抗震是减轻地震灾害的关键性环节。

社会防灾　社会防灾是震灾预防中的一个重要工作。主要包括建立防震减灾体系、制定减轻地震灾害规划、计划及地震应急预案、制定地震防灾法规、进行地震保险、地震防灾教育和防灾训练与学习等。

(二)防震准备

1. 学习地震基本知识

加强地震基本知识和防震减灾知识的认识和学习,力求掌握应急避震方法和一般急救知识,包括应急预案的内容。同时注意熟悉周边环境,明确了解避难场所,经常性地组织开展一分钟紧急避险、撤离与疏散的演练活动。(图2-1)

图2-1

2. 物品摆放科学合理

平时注意室内物品的摆放,是减少地震时人员伤亡的有效方法。

居室内需将床放在内墙(承重墙)附近,尽量远离屋梁和悬挂的灯具;将桌子、床或低矮家具下腾空,把结实家具旁边的内墙角空出来,便于作为地震发生时人们的暂时躲避场所;家具物品摆放要重的在下、轻的在上。在高大的家具上方不要堆放笨重物品,且最好将高大家具固定好,防止倾倒砸伤人;将灯具、挂钟等悬挂物取下或系牢,防止掉下伤人;花盆等物品不要放在阳台上,以防掉落伤人。(图2-2)

图2-2

3. 保持生活环境整洁

平时注意环境卫生,注意及时清理宅内及其周边杂物,保持门口、庭院、楼道井然有序,杜绝乱堆乱放,地震时便于人员疏散。

4. 制定《家庭地震应急预案》

制定《家庭地震应急预案》,明确地震发生时家庭紧急避险和自救的措施与方法,制定一个保护独自在家儿童的计划。

当地震发生无法回到自己家时,可以选择某个安全地点会合。一定要确保每个家庭成员都清楚这个安全的会合地点,还要让儿童记住家庭地址和电话,以便在他与父母失去联系时可以有效地寻求他人的帮助。

为了确保每个家庭成员在灾害后能保持联系,最好制作一张"家庭紧急预案"卡片,内容包括姓名、电话、家庭住址、紧急会合地点、工作单位及单位电话。

5. 做好应急物质准备

提前准备好随身携带的防震应急包,最好每人一个,防止家人失散后无法自救。配齐应急物品(如药品、食品、饮料、电筒、口罩等),并且放在随手可以拿到的地方;同时要经常检查和更换应急包内的食物。(图2-3)

图2-3

三、震后科学应对

通常地震发生时,从人们感受到震动到房屋倒塌,大约有十几秒的时间,科学有效地利用这段时间,因地制宜地选择合适的方法避震,能有效减轻人员伤亡。

1. 应急避险基本原则

沉着冷静,临震不乱,充分利用短暂的预警时间,按照平时掌握的科学避震知识进行紧急避震。震时就近躲避,震后迅速撤离到安全地方,是应急避震较好的方法。

尽量使身体的重心降低,可以采取趴下、蹲下或坐下的正确避震姿势;注意保护身体的重要部位:头、颈部、眼睛、口、鼻。如有可能,利用身边的物品,如枕头、被褥等顶在头上;低头、闭眼,以防异物伤害;用湿毛巾捂住口、鼻以防灰土、毒气侵入。(图3-1)

开辟有利的避震

图 3 - 1

空间,躲避在室内结实、不易倾倒、能掩护身体的物体下或物体旁,如承重墙角、炕沿下或低矮、坚固的家具边,坚固的桌子下(旁)或床下(旁)等,最好选择开间小、有支撑的地方进行避震。处在平房或一层的人员,如有可能应尽量跑出室外,否则应选择有利空间躲避。(图3-2)

图3-2

2. 特定环境避险方法

地震时采取安全有效的避震措施,可大大减轻建筑物倒塌造成的人员伤亡。

家庭避震 保持镇定,遵循就近避险的原则,寻找有利空间进行避险;并迅速关闭电源、煤气开关,尽量远离炉具、燃气管道及易破损的碗碟;如有机会尽量打开大门,防止地震造成门柱扭曲变形而难以打开,影响逃生;若在睡觉时,要赶快用

枕头或坐垫护住头部,俯身藏于床边;躲避时不要靠近窗边或
阳台,千万不要跳楼,不要乘坐电梯,待强震过后选择安全通道
迅速有序撤离。住在平房的人员,如果屋外场地开阔,发现预
警现象早,要尽快跑出室外到开阔地避震。(图3-3、3-4)

图 3-3

图 3-4

学校避震　地震时,可以暂时躲避在结实的课桌边、讲台旁,并用书包保护头部;原则上不可乱跑、跳楼,待强震过后选择安全通道迅速有序撤离;在平房上课的学生可根据情况迅速跑出教室,到开阔地避震;地震过后,要按照平时地震演练路线迅速转移到空旷场地;在操场或室外时,可原地不动蹲下,双手保护头部。注意避开高大建筑物或危险物,不要回到教室去。(图3-5、3-6)

图3-5

公共场所避震在影剧院、体育场馆

图3-6

等公共场所,观众可蹲在座椅旁或舞台脚下,震后在工作人员组织下有秩序疏散;在商场、饭店、书店、地铁、展览馆等处,要选择结实的柜台、柱子边、内墙角等处就地蹲下,避开玻璃门窗、橱窗和柜台;避开高大和摆放不稳的重物品、易碎品的货架;避开广告牌、吊灯等悬挂物;震后疏散要听从现场工作人员的指挥,不要慌乱拥挤,尽量避开人流;如被挤入人流,要防

止摔倒;把双手交叉在胸前保护自己,用肩和背承受外部压力。(图3-7、3-8)

图3-7

图3-8

车间避震 车间工人可以躲在车床、机床及坚固的设备旁,不可惊慌乱跑。特殊岗位上的工人,要首先按照应急预案的要求,关闭易燃易爆、有毒气体阀门,及时降低高温、高压管的温度和压力,防止强酸强碱等强腐蚀液体的渗漏,关闭运转设备。震后,大部分人员可撤离工作现场。在有安全防护的前提下,少部分人员留在现场随时监视险情,及时处理发生的意外事件,防止次生灾害的发生。

户外避震 避开高大建(构)筑物,如楼房、高烟囱、水塔等;避开过街桥、立交桥等结构复杂的建筑物,特别是有玻璃幕墙的建筑,选择开阔地蹲下或趴下,不要乱跑,不要随便返回室内;避开高耸物或悬挂物,如变压器、电线杆、路灯等;避开广告牌、吊车以及砖瓦、木料等物的堆放处;避开危险场所,如狭窄的街道、危旧房屋、危墙,以及女儿墙、高门脸、易燃、易爆品仓库等。(图3-9、3-10)

图3-9

图 3 - 10

　　野外避震　当身处野外旅游时遭遇地震,注意躲避山崩、滑坡、泥石流;如遇山崩时,要沿着与岩石滚动垂直的方向向两侧跑,切不可顺着滚石方向往山下跑;也可躲在结实的障碍物下,或蹲在地沟、坎下;特别要保护好头部。(图 3 - 11)

图 3 - 11

海边、河湖边避震　在海边遭遇地震时,要尽快向远离海岸线的高处转移,以避免地震可能引发的海啸的袭击;在河、湖边:要尽快往地势高的地方转移,以防次生水灾的袭击。(图3-12)

图3-12

行驶的电(汽)车内避震　司机应立即减速,并选择安全地点及时停车;乘客要抓牢扶手,尽量降低重心,以免摔倒或碰伤;强震过后立即下车到安全的开阔地点避震。(图3-13、3-14)

特殊情况下的求生要点　遇到火灾时,如有可能应设法隔断火源,用湿毛巾捂住口鼻,向高处转移,移动时尽量让身体的重心低一些;遇到水灾时,迅速离开桥面,远离岸边,向高处转移;遇到燃气毒气泄漏时,注意不要使用明火,用湿布捂住口鼻,逆风逃离。(图3-15、3-16)

图 3 - 13

图 3 - 14

图 3-15

图 3-16

　　震后脱险应注意什么　当震动停止后,要听从紧急救援人员的指挥,迅速有序地撤离到安全地方,同时警惕余震的发生,以防止造成更大人员、财产损失;脱险后应尽可能立即将灾情报告有关部门,并前往附近的避难场所、临时救助站、广场;注意收听广播,掌握灾情信息;当救援队伍到来前,在有能力的情况下,应自行组织和参加自救、互救队伍,帮助他人挽救生命;强震过后一般都会有大量的余震发生,所以不要轻易返回屋内,以免再次遭遇地震危险。(图3-17)

图3-17

3. 自救与互救

当灾害突然降临时,在第一时间进行自救和互救,对于抢救生命,减轻伤残,将起到不可估量的作用。

基本原则:坚定信心,沉着冷静,采取有效方法自救;救人时要先易后难,先轻后重,先近后远,先壮后弱,先密后疏,以加快救人速度,尽快扩大救人队伍,以免错过救援的黄金时间,造成不应有的损失。

（1）自救方法

首先要树立战胜灾难的信心,如果地震时不幸被埋压,一定要树立生存信心,沉着冷静;其次,要尽量改善周边环境,如果可能,要首先挪开头部周围的杂物,保持呼吸畅通,闻到煤气、毒气时,设法用湿毛巾等捂住口、鼻;努力扩大和保护生存空间,争取用砖、木等支撑残垣断壁,以防余震发生后,环境进一步恶化;尽量保存自身体力,如果不得已需留在原地等候救援时,不可盲目呼救、哭喊、急躁和盲目行动,要尽量减少体力消耗,尽可能控制自己的情绪,或闭目休息等待救援人员到来;如果不幸在地震中受伤,要尽可能用简易的办法包扎好伤口,以免失血太多,造成昏迷。在等待救援期间,要节约饮食和水。当听到外面有人施救时,利用一切办法与外面救援人员进行联系(如敲击器物、吹哨子等),积极主动配合地面营救。（图 3-18、3-19、3-20）

图 3-18

图 3 - 19

图 3 - 20

（2）互救方法

　　定位法　首先请家属或邻居提供情况。采取喊话、敲击等方法询问埋压物中是否有待救援者。仔细倾听有无呼救信号,判定被埋压人员位置。

扒挖法　接近被埋压人时，不要用利器刨挖。注意分清支撑物与一般埋压物，不可破坏原有的支撑条件，以免对人员造成新的伤害。尽快使封闭空间与外界沟通，以便新鲜空气注入。灰尘过大时，可喷水降尘，以免被救者和救人者窒息。及时为被埋压者提供饮水、食品或药物等，以增强其生命力，确保幸存者安全。

施救法　首先暴露被埋压者头部，清除口、鼻内的尘土，保证幸存者呼吸顺畅。在抬救过程中不可强拉硬拖，避免被救者身体再次受到损伤。

护理法　对受伤者进行特殊护理。蒙上眼睛，使其避免强光的刺激。不可突然接受大量新鲜空气，不可一次进食过多。避免被救人员情绪过于激动。

标志法　对一时难以救出的受伤者，可在保持通风（通气）的前提下，做好标志，等待专业救援队人员前来救治。（图3-21、3-22、3-23）

图3-21

图 3－22

图 3－23

（3）救援注意事项

当挖掘救助伤员时，只要伤员的颈、脊椎、腰剧痛者，均可按脊椎伤员处理。在进行挖掘时，绝不可用力牵拉未完整露出身体者的上肢或下肢,以免加重骨折错位。搬运伤员时避免脊柱的弯曲或扭转,用硬板担架搬运,最好将伤员固定,绝对禁止一人抬肩,一人抬腿的错误搬运方法,尽量做到静、轻、慢、稳。

(4)救援的黄金72小时

从地震废墟中救出被埋压人员,就是与时间赛跑,与死神争夺生命。因此,抓紧分分秒秒,尽快将被埋压人员救出是地震应急和抗震救灾中最关键的环节。据以往救灾经验,在震后三天之内救出的被埋压者的存活率大大高于三天以后的存活率。因此这三天72小时就被称为地震救援的黄金72小时。图3-24表示的就是被埋压者被埋压时间与被救出后存活率的关系,从这张图上可看出,被埋压三天后救出者的存活率就会明显降低。

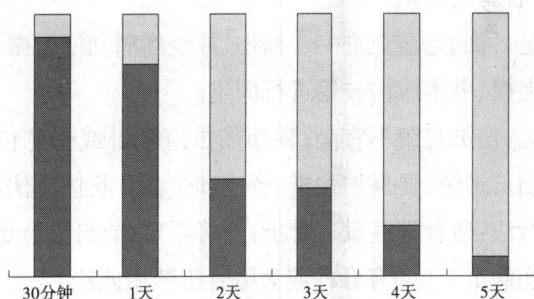

图3-24

(5)科学救助伤员

一旦人的呼吸心跳停止,30秒后就会昏迷,6分钟后就会脑细胞死亡。因此,现场急救时,抓住生命的"黄金时间"等待急救人员到来的几分钟最为关键。

首先，对伤者的生命迹象的简单判定，被救者为成人、儿童时触摸颈动脉；为婴儿时触摸肱动脉；对有生命迹象的伤员快速利用心脏复苏方法进行抢救，即：判断意识，呼救，摆成侧卧位，打开气道，检查呼吸，口对口吹气，检查脉搏，心脏按压；对丧失意识的伤员，必须立即呼救，寻求他人帮助，拨打急救电话，明示他人进行紧急抢救。

如幸存者遭受严重创伤，必须采取现场急救，即止血、包扎、固定、搬运。

止血：方法有四种，指压（压迫）止血、加压包扎止血、填塞止血，还有止血带。

包扎：使用的材料有绷带、三角巾，也可就地取材。包扎要求：轻、快、准、牢，先盖后包（干净敷料），不可过紧或在伤口上打结，暴露肢端。

固定：目的是避免进一步损伤、减轻疼痛和便于搬运。可以使用夹板、书本或树枝等进行固定。

搬运：伤员宜躺不宜坐，昏迷伤员应侧卧或头侧位，要严密观察伤员神情；要保护颈椎、脊柱和骨盆。具体方法如下：

扶行法：适合那些没有骨折，伤势不重，能自己行走、神志清醒的伤病员。（如有脊柱或大腿骨折禁用此法）

背负法：适用于老幼、体轻、神志清醒的伤病员。如有上、下肢及脊柱骨折不能用此法。

爬行法：适用于狭窄空间或浓烟的环境。

抱持法：适用于年幼或体轻、无骨折且伤势不重的伤员。

轿杠式：适用于神志清醒的伤员。

双人拉车式:适用于意识不清的伤员。

三人或四人异侧运送:适用于平托法搬运,主要用于有脊柱骨折的伤员。(图3-25～3-31)

图3-25

图3-26

图3-27

图3-28

图 3 - 29

图 3 - 30

图 3 - 31

　　简易担架制作:可用上衣、被单、绳索、门板与木棍组合等方式做成简易担架进行搬运。(图 3 - 32)

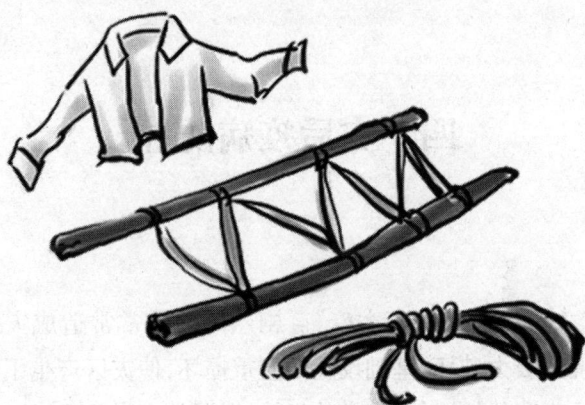

图 3 – 32

四、灾后疫病防控

"大灾之后可能有大疫"。剧烈的地震常常造成灾区生态环境的极大破坏、基础设施的严重损坏,使灾区产生了很多致病污染和传播途径,腐烂的尸体、泄漏的有毒物质、垃圾、粪便、被污染的水源和食物等等;同时受灾人群经历了地震逃生的惊吓和恐惧,身心疲惫,抵抗力大幅下降,导致传染病发生的潜在因素大大增加。因此,在震后救灾工作中,认真搞好卫生防疫非常重要。

(一)易发疾病的主要原因

震灾后容易流行传染病,主要有以下因素:

饮水　由于地震后自来水供应的中断,或因其他条件限制,灾民往往饮用一些平时不喝的类似井水、泉水甚至水库里的积水等不干净的水。由于这些不洁净的水未进行杀菌处理,极易导致肠道传染病的流行。

露天宿营　震后房屋被震坏或出外躲震,人们往往在露天宿营。由于灾后心理紧张,人的免疫能力相对较差,再加上露天寒暑变化无常,风吹日晒雨淋,此时人极易患病。

居住密集环境差　灾后人们往往集中在避难场所或其他指定地点居住,居住密集,同时因大量救援人员与志愿者的涌入,致使人际交往频繁。如果临时居住地的垃圾、粪便得不到及时处理,容易污染水源,同时也容易滋生蚊蝇,繁殖细菌,造成疾病流行。

食物污染　灾区由于食物短缺,灾民可能食用一些平常不吃的变质、受过污染的食物,或由于环境条件变差,使得餐具消毒等不如平时,造成食品的污染。

尸体污染　在地震重灾区,由于人或动物的尸体处理不及时或处理不当,在温度较高和雨水较多的季节容易造成环境污染,使灾区环境卫生急剧恶化。

蚊虫大量滋生　积水可能带来蚊虫的滋生。地震后往往伴随着阴雨,积水增多,再加上高温天气,造成蚊虫大量滋生,导致传染病的流行。

(二)灾区的环境卫生保护

为确保大灾之后无大疫,必须搞好环境卫生,其主要内容是:

1. 保护水源

灾区要做好水源保护;在自来水供给中断的情况下,选择水源的顺序应该是井水、河水、湖水、塘水。水井周围30米范围内不要设置厕所、粪坑、垃圾堆。供饮用的河水水段,应插上明显的标志。不要把医疗垃圾和生活垃圾随意丢弃在附近的河里,灾民生火煮饭,排放污水,都要注意避开水源。饮用水塘不允许洗衣、洗菜、饮牲畜。掩埋遇难者遗体一定要远离水源,按灾害发生地的实际情况妥善处理人和动物尸体,最好的处理方式是焚烧或深度掩埋。

2. 保证环境卫生

在灾民聚集地要设置临时厕所、垃圾堆集点。做好粪便、垃圾的消毒、清运等卫生管理工作。大地震后,救援人员在救灾过程中产生的垃圾也会成为威胁灾区生态环境的一大隐患。要高度重视救灾人员产生的垃圾污染问题,否则将形成严重破坏灾后生态环境的二次污染并给灾区埋下疫情隐患。因此,临近废墟上的垃圾要进行彻底处理。防疫工作人员废弃的防护服。空的矿泉水瓶和饭盒,尤其是一些医疗垃圾,都不要乱扔。医疗垃圾比较特殊,最好当天处理完毕,如果气温比较高或堆放延迟,就会产生疫情隐患,也会给当地的自然环境造成二次污染。

3. 保证饮水安全

水是人类生存的必需条件,发生大震灾时,要保证往日正常水平的用水是很困难的,必须克服困难、节约用水,直到恢复正常生活。但是,过于减少饮用水,会对身体造成不良影响。在日本阪神地震灾害中由于很多老年人饮水减少,结果身体健康状况恶化。地震灾害后,有很多人因得不到饮水,又居住在狭小的避难场所中,身体不能活动,最后导致死亡。其原因是血液结块,阻塞肺血管所致。因此,地震灾害发生后,要尽可能地减少洗衣和洗澡用水,注意确保饮水充足。

瓶装水、开水或经过消毒的水都可放心饮用。也可饮用安全的罐头、果汁、蔬菜汁或其他来自罐装食品的液体。如果饮用已开口的瓶装水,一定要消毒或烧开后再饮用。

不要饮用变色、有异味的水或融化的冰块。

游泳池、温泉的水只能用于洗澡、洗手等,不能饮用。

不要使用污染的水洗碗、刷牙、洗菜、洗水果等。

(1)饮用水的净化和消毒

饮用水要经过澄清、过滤、消毒等处理后方可饮用。方法如下:

浑水澄清法。用明矾、硫酸铝、硫酸铁或聚合氯化铝做混凝剂,适量加入浑水中,用棍棒搅动,待出现絮状物后静置沉淀,水即澄清。没有上述混凝剂时,可就地取材,把仙人掌、仙人球、量天尺、木芙蓉、锦葵、马齿苋、刺蓬、榆树、木棉树皮捣烂加入浑水中,也有助凝作用。

饮水消毒法。煮沸消毒:即将生水煮沸。煮沸消毒效果可靠、简便易行,生水煮沸 1 分钟就可以杀死绝大多数微生物。药剂消毒:如果没有条件烧开水,可以使用消毒片或含氯制剂进行消毒,也可用漂白粉等卤素制剂消毒;按水被污染的程度,每升水加 1~3 毫克氯,15~30 分钟后即可饮用;个人饮水每升加净水锭两片或 2% 碘酒 5 滴,振摇两分钟,放置 10 分钟即可饮用。

对于就地取用非自来水的供水车或水桶,在取水的同时应根据供水车(桶)的容积投入相应量的消毒剂。估算药剂用量的原则是:水源污染重的用量应多于污染轻的;地面水用量多于地下水;夏季时用量应多于冬季时。

(2)饮用水的储存

灾民每人每天平均用水量应为 5 升,主要用于饮用、做饭和洗漱。至少应储备 3~5 天的饮用水。

要保证储存饮用水的安全。饮用水必须储存在坚固的塑料容器内,并拧紧盖子。在每个容器内都要加入含氯消毒剂。所有的容器都要进行标志。避免盛水的容器与有毒有害物质如杀虫剂、汽油等接触。

将储存水的容器放在阴凉处,不要在太阳下曝晒。另外,储存水应该每 6 个月更换一次。

平常养成蓄水的习惯,以备紧急时刻使用,这是非常重要的。在家中储备饮水的办法有,在水冲厕所的大桶中经常储备 8~10 升水;紧急时刻可以使用饮料;冰箱里的冰块融化了也可以饮用,要养成经常制作冰块的习惯等。

4. 日常用品消毒方法

(1)煮沸消毒法。适用范围包括餐(饮)具、服装、被单等耐湿、耐热物品的消毒。操作时煮锅内的水应将物品全部淹没,应煮沸 15~30 分钟。

(2)消毒剂溶液浸泡消毒法。适用范围包括餐(饮)具、服装、污染的医疗用品等的消毒。此方法操作时要注意,消毒剂溶液应将物品全部浸没。至规定时间后,取出用清水冲净,晾干。

(3)消毒剂溶液擦拭消毒法。适用范围包括家具、物品表面等的消毒。操作方法为用布浸以消毒剂溶液,往返擦拭被消毒物品表面。

5. 注意个人卫生

灾后不仅要保持环境卫生,还要保持个人卫生,有利于身体健康。

(1)要做到"五好"

即心态调整好、生活安排好、饮食调节好、衣服穿得好、健康关注好。

心态调整好,就是要保持心情愉快。这样不仅使人感到舒服,还会增强抵抗疾病的免疫力。要相信政府,互相帮助,坚定战胜灾害的信心。

生活安排好,就是要做到生活有规律。

饮食调节好,就是要注意饮食卫生和营养,尽可能每天都吃一点蔬菜、瓜果和豆制品。

衣服穿得好,就是要注意天气变化,随时增减衣服,积极预防感冒。

健康关注好,就是关注自己和家人的身体,如果发热、拉肚子等要及时就诊。

(2)要注意"两不"

即不与别人共用毛巾,不乱扔垃圾。因为与别人共用毛巾、脸盆,容易传播红眼病、沙眼等疾病。还可以传播痢疾、肝炎等疾病。乱扔垃圾、随地吐痰、随地大小便容易传播许多疾病。

(3)要做到"四勤"

即勤洗手、勤洗澡、勤剪指甲、勤打扫卫生。

手经常拿东西,很容易被弄脏。如果用脏手抠鼻子、揉眼睛、摸嘴巴，就会把病菌带进体内，引起疾病，所以一定要勤洗手。擦手用的毛巾必须干净。

皮肤是维护身体健康的第一道防线，勤洗澡能及时清除毛发中、皮肤表面、毛孔中的灰尘、细菌，防止生疮、长癣、长疥子。

留长指甲不仅不文明，劳动时不方便，而且指甲里容易藏有灰尘、病菌、病毒、寄生虫，应当勤剪指甲。

（三）露宿注意事项

露宿地点应选择干燥、避风、平坦之处。注意避开易遭洪水侵袭的地方。在山区不要选择在易受塌方、滚石和泥石流影响的地方。在山上露宿时，条件允许时可选择在东南坡，因为那里避风，搭建帐篷、厕所和设置垃圾堆放点时注意应选在饮用水源的下游或下风处。

发生地震后，很多建筑物倒塌，未倒塌的也因为安全隐患而无法住人，灾民们不得不在外露宿。露宿时，由于受各种条件的影响，灾民的身体健康容易出现问题。

由于夜里户外气温低，露宿时人体和外界的温差大，肌体抗病能力下降，第二天醒来易产生头晕、头痛、腹痛、腹泻、四肢酸痛、周身不适等症状。如：露宿熟睡时如面部受风，第二天清晨就会感到偏头痛，甚至忽然口角歪斜、流口水，一只眼睛不能闭；睡觉时如肚子受凉，会引起腹痛、恶心、腹泻，甚至诱发胃肠痉挛、急性肠胃病。

另外，露宿时席地而卧，很容易将尘土吸入口腔和肺部，加之睡眠中人体免疫机能降低,尘土和空气中的细菌、病毒乘虚而入,会引起咽炎、扁桃体炎、气管炎等疾病还有可能诱发风湿性关节炎、类风湿病等。

露宿时如皮肤裸露在外,易受到蚊虫叮咬。被蚊子咬后可能被传染疟疾、丝虫病、流行性乙型脑炎、乙型肝炎等;如被昆虫叮咬,甚至有些昆虫只是在皮肤上爬一下,就会引起人体皮肤条索状或斑块状的水肿性红斑、丘疹、水疱,灼痛刺痒等症状。

(四)灾后疾病及防治

针对灾后疾病容易流行的原因,应采取相应措施进行防治。

1. 防止破伤风

破伤风患者特征表现为局部或全身肌肉阵发或强直性痉挛,因面颌及颈部肌肉受累而呈牙关紧闭和"苦笑面容"。一般潜伏期为4～14天,开始时症状可表现为烦躁、易激动、出汗、吞咽困难等,继而牙关紧闭、角弓反张,以致全身抽搐,但神志一直保持清醒。

预防及治疗方法:受伤后要保护伤口清洁并及时清创缝合,给予有效的抗炎对症治疗。对各种原因引起皮肤破损的人员必须及时注射破伤风抗毒素。一旦发病,只能采用破伤风抗毒素(被动免疫),以对抗尚未同神经组织结合的毒素。其他处理包括:局部清创;杀菌(青霉素或四环素);抗痉挛

（如氯丙嗪、安定）；支持疗法（包括气管切开、胃管进食、补液）等。

2. 预防呼吸道传染病

呼吸道传染病分病毒性和细菌性两种。传染途径可通过飞沫，染有病原体的手接触或眼、口、鼻的黏膜等。呼吸道传染病容易在冬春季流行，其症状是：常伴有发热、咳嗽。

不伴有皮疹的呼吸道传染病主要有以下几种：（1）各种流行性感冒：其主要症状为鼻塞、流涕、喷嚏、咳嗽、头痛等；（2）流行性腮腺炎：主要症状为两腮肿胀及肿痛；（3）白喉、百日咳：症状为低热、剧烈咳嗽（阵发性痉挛咳嗽），咳后有长吸气；（4）传染性非典型性肺炎、肺结核：症状为午后发热、伴有乏力盗汗等。

伴有皮疹的呼吸道传染病有：麻疹、风疹、水痘、猩红热、流脑等。猩红热病人发热后第一二天出皮疹，麻疹病人发病后三五天内发疹。

预防方法：保持室内空气流通，注意个人卫生。保持双手清洁、勤洗手；如被呼吸道分泌物弄污或接触公共物品后要洗手。打喷嚏或咳嗽后应用纸巾或手掩住口鼻，不随地吐痰。患者或接触患者的人要戴口罩，接触前后要洗手。注意休息和平衡营养，以增强抵抗力。

3. 预防食物中毒

食物中毒是指人摄入了含有生物性、化学性有毒有害物质所出现的而非传染性的急性或亚急性疾病。

食物中毒临床上的表现因中毒物质不同而各异,除恶心、呕吐、腹痛、腹泻等胃肠道症状外,还可表现在神经系统、造血系统等症状,严重者可危及生命。

如食用被细菌及毒素污染的食物后,其临床特点概括起来有以下几个方面:

常有明显的季节性,以夏秋季发病最多,潜伏期甚短,通常为数小时至两三天不等。如葡萄球菌食物中毒的潜伏期一般为2～5小时,极少超过6小时;肠热菌属和嗜盐杆菌食物中毒,一般为4～24小时;即使最长的肉毒杆菌食物中毒,一般也只有6～36小时。

预防方法:避免在简易住处集中做大量食物和集体供餐,避免购买和食用摊贩销售的未经包装的熟肉和冷荤菜;食品要生熟分开,现吃现做,做后尽快食用;所有现场加工的食品应烧熟煮透,剩饭菜一定要在食用前单独重新加热,存放时间不明的食物不要直接食用。

4. 预防肠道传染病

肠道疾病是地震灾害环境条件下极易发生的疾病种类,特别是肠道传染病,严重影响年老体弱者、婴幼儿和青少年的健康。

肠道传染病主要有以下几种:(1)急性细菌性痢疾及阿米巴痢疾。典型症状为腹泻不伴有呕吐,痢疾患者排泄黏液脓血便,阿米巴痢疾患者排泄暗红色果酱样血便。(2)霍乱。霍乱是由霍乱弧菌引起的、经消化道传播的烈性肠道传染病。它发病急,传播快,病死率高。霍乱的典型症状是剧烈腹泻,大便呈米泔水样，无腹痛，不发烧。（3）甲型或戊型肝炎。甲型、戊型肝炎一般通过饮食传播。毛蚶、泥蚶、牡蛎、螃蟹等均可成为甲肝病毒携带物。病毒性肝炎的主要症状是身体疲乏、食欲减退、恶心、腹胀、肝脾肿大及肝功能异常，部分病人可能出现发热、黄疸症状。

肠道传染病的预防措施：

注意饮水和饮食卫生是预防肠道传染病的关键，重点抓好水源保护和饮水消毒。严防病从口入；注意环境卫生，要及时消除垃圾、污物，管理好粪便、垃圾。

预防肠道传染病的特别提示：

配合卫生防疫部门指示，对病人用过的餐具、接触过的生活物品等进行消毒，被病人吐泄物污染的物品最好焚烧处理。

5. 预防肝炎特别提示

肝炎病人自发病之日起必须进行3周隔离。

从事食品加工和销售、水源管理、托幼保教工作的肝炎病人，应暂时调离工作岗位。

肝炎病人用过的餐具要消毒，在开水中煮15分钟以上。

不要与肝炎病人共用生活用品，对其使用过或接触过的公共物品和生活物品要消毒。

如与肝炎病人共用同一个厕所，要用消毒液或漂白粉对便池进行消毒。

不要与乙型、丙型、丁型肝炎病人及病毒携带者共用剃刀、牙具。

不要与乙肝病人发生性关系，如发生性关系时，要使用避孕套或提前接种乙肝疫苗。

6. 预防虫媒传染病

虫媒传染病,流行性乙型脑炎、鼠疫、莱姆病、疟疾、登革热等危害性较强的传染病。地震后,由于居住和栖息环境简陋,容易发生虫媒传染病。

最常见的虫媒传染病主要有以下两种:

(1)流行性乙型脑炎

流行性乙型脑炎俗称"大脑炎"。多发于儿童。传染源主要是家畜(猪、牛、羊、马)和家禽(鸭、鹅、鸡等)。一般通过媒介昆虫叮咬才能传播。最早的表现是发热,体温迅速升到39℃～40℃以上。还可伴有抽搐、癫痫样发作。

(2)疟疾

疟疾主要通过蚊子叮咬传播,也可通过输血、器官移植或共用污染的针头和注射器传播,还可通过母亲向胎儿传播。患者可出现寒战、发热、出汗、疲乏、头痛、肌肉痛、恶心、呕吐及腹泻等症状。寒战、高热与出汗表现出一定的周期性,是疟疾的特征。患者还可能伴有贫血和黄疸。恶性疟疾可引起重症疟疾,如脑型疟疾等。如不能及时治疗,会引起死亡。

虫媒传染病预防方法:预防流行性乙型脑炎、疟疾等虫媒传染病,应采取灭蚊、防蚊和预防接种为主的综合措施。控制和管理传染源,隔离病人。在受灾群众聚居区和部队宿营地,清扫卫生死角,疏通下水道,喷洒消毒杀虫药水,消除蚊虫滋生地,降低蚊虫密度,家畜家禽圈棚要经常洒灭蚊药,切断传播途径。做好个人防护,尽量避免在草丛和林间休息,以防被蚊虫叮咬,夜间睡觉挂蚊帐,露宿或夜间野外劳动时,暴露的皮肤应涂抹防蚊油,或者使用驱蚊药。根据疫情监测动态,及时给易感人群接种乙脑疫苗,提高免疫力。

7. 预防毒虫咬伤

灾后户外生活,被蛇、蝎、蜈蚣等毒虫叮咬伤害的几率大大增加,被叮咬严重时甚至会危及生命。

治疗方法:如被毒蛇咬伤,应立即用绳带在伤口上方缚扎,阻止毒素扩散,并尽快送医院救治。在紧急情况下,可用肥皂水清洗伤口,用口吮吸毒液(边吸边吐,并用清水漱口)。如有蛇药,可按说明外涂或口服。

8. 预防鼠疫

鼠疫是由鼠疫杆菌引起的、流行极快的烈性传染病。经呼吸道吸入或经消化道食入,通过粘膜和皮肤接触,都会被感染。它不易治愈,死亡率高。

鼠疫的主要症状是突发高热,伴有急性淋巴结肿大、淋巴结肿大、淋巴结剧烈疼痛、咳嗽、咳血痰、意识障碍等。

其他注意事项:

(1)家中或单位发现死老鼠,应立即向所在地区疾病防空中心报告。

(2)如人体出现不明原因的高热,淋巴结肿大、疼痛、咳嗽、咳血痰等症状,应立即到医院就诊。一旦确诊,立即将病人隔离。

(3)由专业人员对病人用过、接触过的物品及房间进行消毒。

(4)接触过鼠疫病人者应主动向疾病预防控制中心报告。

(5)立即采取统一的灭鼠、灭蚤行动。

(6)发生疫情,须服从当地政府、疾病预防控制中心的指挥。

(7)严禁无关人员进入疫区。

五、灾后心理健康

灾害心理学是一门年轻的学科，随着各种自然灾害的不断发生，大量从灾难中重新获得生命的人们，迫切需要心理干预疏导，使他们的心灵从恐惧、绝望、忧郁中解脱出来，逐渐恢复到正常心理状态。2008 年 5 月 12 日汶川大地震发生之后，大批心理学工作者与地震幸存者同吃同住，利用多种形式逐渐抚平了他们心灵中的创伤，从而面对新的生活，我们把这种心理干预行为称作对幸存者的"二次救助"。

（一）灾后的情绪变化与身体症状

面对突发性灾难，目睹或经历了灾难性的场面，瞬间面对阴阳两隔的无情事实，一些人困扰于灾难事件中，会产生各种各样的情绪反应，心理受到严重打击，处于心理危机状态（心理应激）。具体表现为心情忧郁、情绪激动、焦虑、思维混乱、精神紧张或有强烈的崩溃感等。

伤病者和灾民因为缺乏足够的心理准备和处理经验，在经历伤害及灾难性打击后，往往会感到手足无措，不懂如何处理地震灾害所引起的反应及创伤。其实，这些强烈压力反应是人们对不正常环境所做出的正常反应,大部分人在经历了地震后,会产生不同程度的困扰,通常需要经过一段时间(一般为 2～4 星期甚至更长时间),才会渐渐地平静下来。面对灾难,心理危机主要有以下表现:

1. 情绪反应

(1)害怕

很担心灾难会再发生;

害怕自己或亲人会受到伤害;

害怕只剩下自己一个人;

害怕自己崩溃或无法控制自己。

(2)无助感

觉得人们是多么脆弱,不堪一击;

不知道将来该怎么办,感觉前途茫茫。

(3)悲伤、罪恶感

为亲人或其他人的死伤感到很难过、很悲痛;

觉得没有人可以帮助我;

恨自己没有能力救出家人;

希望死的人是自己而不是亲人;

因为比别人幸运而感觉罪恶。

(4)愤怒

觉得上天怎么可以对我这么不公平;

救灾的动作怎么那么慢;

别人根本不知道我的需要。

(5)重复回忆

一直想逝去的亲人,心里觉得很空虚,无法想别的事。

（6）失望

不断地期待奇迹出现,却一次一次地失望。

（7）希望

期待重建家园,希望更好的生活将会到来。

2. 身体反应

疲倦,发抖或抽筋;

失眠,呼吸困难;

做噩梦,喉咙及胸部感觉梗塞;

心神不宁,恶心;

记忆力减退,肌肉疼痛（包括头、颈、背痛）;

注意力不集中,子宫痉挛;

晕眩,头昏眼花,月经失调;

心跳突然加快,反胃、拉肚子。

（二）自我心理调节

1. 正视灾难、寻求帮助

灾难亲历者要正视灾难、寻求帮助。

很多人以为只要回避灾难现实就不会焦虑了。事实上,如果人们能够正视灾难,他们的紧张感和焦虑感反而会自动缓解。否则,当回避紧张、焦虑的情感时,也失去了减轻不良感觉的机会。如果这种灾难刺激与焦虑的联系不被打破,当人们再次遇到与灾难类似或相关的情境时,强烈的焦虑感就会随之袭来,令人心理上无法接受。所以,灾难的亲历者要学会接受灾难,表达情感。寻求亲人、朋友的帮助,在亲友们的支持下回忆灾难的经过,向他们倾诉灾难发生当时的心情和感受。

2. 学会自我辩护

地震发生后,有些人会开始担心一个人在家不安全。在灾区,有些人会因为自己在灾难中过度紧张、没能积极地帮助受害者而感到羞愧、自责,觉得自己不够坚强;亲眼目睹身边的人死亡的当事者,可能觉得是因为自己的错误才导致他们丧失生命等。如果有类似的对危机事件的解释,当事人应该学会做自己的"辩护律师",转换一下思维,得出不同的观点。例如:因为我紧张,才没能帮助别人。其实,紧张感是一种自我保护机制,如果遇到危急的事情连一点反应都没有,有可能给心理带来更大的危害,以致影响到更多人的生活。过度的自责对死者无补,却可能给生者带来挥之不去的阴影。

3. 疏解情绪与缓和身体反应的方法

面对如此大的冲击,在灾变发生后,尽速的让我们回复日常的生活状态是最重要的。首先就是要尝试接受现实的状况,抚平情绪的伤痛以及缓和身体上的不适。以下就是一些简便的方式让我们可以用来帮助自己。

不要隐藏感觉,试着把情绪说出来,并且让家人与孩子一同分担悲痛。

不要因为不好意思或忌讳,而逃避和别人谈论的机会,要让别人有机会了解自己。

不要勉强自己去遗忘,伤痛会停留一段时间,是正常的现象。

别忘记家人和孩子都有相同的经历和感受,试着与他们谈谈。

一定要有充足的睡眠与休息,与家人和朋友聚在一起。

如果有任何的需要,一定要向亲友及相关单位表达。

在伤痛及伤害过去之后,要尽力使自己的生活作息恢复正常。

工作及开车要特别小心,因为在重大的压力下,意外(如车祸)更容易发生。

(三)心理干预

1. 需要心理干预的人群

地震灾难的心理受灾人群大致分为五级:

第一级人群为直接遭受地震灾难的灾民,死难者家属及伤员。

第二级人群是与第一级人群有密切联系的个人和家庭。他们可能有严重的内疚和悲哀反应,需要缓解继发的应激反应。另外,还有现场救护人员以及地震灾难幸存者。这一人群为高危人群,是干预工作的重点,如不进行心理干预,其中部分人员可能发生长期、严重的心理障碍甚至有自杀可能。

第三级人群是从事救援或搜寻的现场工作人员、帮助进行地震灾难后重建或康复工作的人员或志愿者。

第四级人群是向受灾者提供物资与援助的灾区以外的成员，以及对灾难可能负有一定责任的组织。

第五级人群是在临近灾难场景时心理失控的个体，这类人群易感性高，可能表现出心理病态的症状。

重点干预目标应从第一级人群开始，一般性干预宣传应广泛覆盖五级人群。采取评估、干预、教育、宣传相结合的办法。提供灾难心理救援服务，尽量进行灾难社会心理监测和预报，为救援组织者提供处理紧急群体心理事件的预警及解决方法，并促进形成灾后社区心理社会干预支持网络。

2. 如何预防灾后心理后遗症

（1）无言的陪伴

是恐惧者最重要的药方，很多人以为帮助别人需要说一些话来安慰他以使他觉得好一点，但这是极错误的做法，因为这时候你所说出的话，其实大部分是为了减低自己内心焦虑的话，对恐惧而言其实都是废话。

真正有效的，是你的存在及陪伴，对他们而言，无言的陪伴会产生极大的安抚作用。

（2）一杯温水

心理治疗大师面对个案叙述痛苦的时候，曾说一杯温水胜于千言万语，手中感觉热水的温暖及眼见你关怀的动作，这才是他们最需要的。

（3）一张面纸

对于哭诉者，最错误的做法，是叫他们不要难过，这只是你害怕别人哭泣为自己说的话,假如你能够按住自己内心的恐惧,给他一张面纸,他会感觉被你接纳,终于有人可以让他大哭一场,心中刺痛便得疏解。

(4)多听少说

打开你的耳朵,闭起你的嘴巴,聆听他说故事吧! 这就是目前风行世界的心理治疗派别的做法。

(5)说停就停

不要逼他说,他不想说就让他停在那里,受苦的人承受不起别人推逼他。

如果有更加严重的情况,那就要赶快送他去看专业的心理医生或医院,必要的时候还要以药物进行辅助治疗。

3. 灾后心理辅导禁语

心理干预成为灾后重建的重要部分,没有心灵的重建,所有的重建都看不到阳光。由于中国真正的心理医生是很少的,灾区大多心理干预者是只懂心理常规的志愿者。除了热情和爱心外,心理交流的方法是最重要的。下面是心理专家对心理志愿者进行培训时,对与灾民特别是学生进行心理情绪释放性交流时,非专业心理学志愿者必须铭记的语言禁忌。

(1)"我知道你的感觉是什么"——遭遇这场突如其来的地震,幸存者的体验是撕心裂肺的,我们只能想象灾难的苦楚,不能体验经历者真实心理感受;

(2)"你能活下来就是幸运的了"——幸存者常常宁愿死去,他很可能会抱怨自己为什么不和亲人一起遭受苦难,一起

死去;

(3)"你能抢出些东西算是幸运的了"——这是旁观者的话,是站在你的角度上评论幸存者的处境;

(4)"你还年轻,能够继续你的生活"——死去的亲人是无可替代的,幸存者会渴望与他们同甘共苦;

(5)"你爱的人在死的时候并没有受太多痛苦"——实际上,死亡是最大的痛苦;

(6)"她/他现在去了一个更好的地方/更快乐了"——这只是看法,而不是感受,而且是你的看法,不是幸存者的看法;

(7)"你会走出来的"——没有站在幸存者的角度去看问题;

(8)"不会有事的,所有的事都不会有问题的"——问题已经发生了,而且还不可逆转;

(9)"你不应该有这种感觉"——任何感觉都是真切的,不能被否认的,也是否认不了的;

(10)"时间会治疗一切的创伤"——说这种话,是在帮助当事人主动遗忘悲剧,而这恰恰是创伤后应激障碍的源头;

(11)"你应该要回到你的生活继续过下去"——或许他也想,但他暂时做不到,而原来的生活轨道也的确不可能再回去了;

(12)"坚强点,想开点,面向未来吧"——一个幸福的人有什么资格来"要求"受伤如此之重的人们?

(13)"过两天我来看你"——如果你不能保证到来的话,请不要随意许下不能完成的诺言;

(14)"我代表……政府……人民……"——不要一时激

动"代表"政府和人民许诺。

（四）灾区儿童和青少年的心理救助

灾区儿童、青少年是救助重点之一。因为他们心理还没有发育成熟，缺乏足够的认知能力和承受能力，受到的刺激更大，灾后1～5年是心灵家园重建的"黄金期"，如果错过了这段时间，心灵创伤对人的影响将是一生的。

1. 对青少年的心理援助和咨询必不可少

在地震后的初期最好不要频繁提起地震的事。要在孩子们情绪稳定之后，再为他们创造一个安心、安全地说出痛苦的环境。让他们敞开心扉尽情释放悲伤。比如在社区或者临时建筑中，建立一个心理救助所。大家想什么时候倾诉，什么时候都有人来倾听。或者在学校安排心理咨询老师。一方面教给孩子们防灾知识，另一方面也要给那些还存在很多心理问题的孩子们一个自由倾诉的空间。当然，倾听和提问有很多技巧，应根据不同情况寻找有效的对策。

心理援助有两大支柱：一个是积极对策，尽量让大家都有阳光向上的情绪，共同努力。这种方法已被广泛采用。另一个是进行一对一的心理咨询和治疗，对于还沉浸在悲痛中的青少年，最好不要一味地劝说"你们要努力"、"你们要振作起来"等话语，而要建立一套完整、长期、有针对性的心理援助制度。（图5－1）

图 5-1

2. 针对不同年龄进行心理危机干预

应对灾区不同年龄段的青少年及时进行不同的灾后心理危机干预。

学龄前及小学阶段的儿童,应提供给他们多种玩具,或者开展需要身体接触的游戏。还可以组织多人参加的集体绘画等活动。由于一些孩子会出现失眠、惧怕黑暗的现象,可以让孩子开着灯睡觉,并在睡前安排讲故事等活动。

对于中学生,则可以安排集体讨论,让他们充分抒发感情,教师或志愿者应及时进行认同和鼓励。此外,还可以组织年龄较大的孩子在力所能及的条件下参与救助他人,或围绕重建家园进行资料收集和方案设计。把对灾难的经验转化为创造力,将有利于青少年灾后的快速心理恢复。(图5-2)

图 5 - 2

3. 儿童与青少年共同的身心反应：

害怕将来的灾难；

对上学失去兴趣；

行为退化；

睡眠失调和畏惧夜晚；

害怕与灾难有关的自然现象。

4. 音乐心理援助

音乐对于缓解心理危机具有很好的作用。在实施音乐心理援助时，一定不能让受援者认为这是一种强者对弱者的救助，而是要将音乐心理援助不着痕迹地融入活动中。所有活动都要围绕"爱"和"快乐"展开，与受援者建立信任，减轻他们心灵上的负担，鼓励他们表现自己。

汶川大地震后，心理援助志愿者通过音乐对灾区青少年进行心理救助就取得了很好的效果。北川中学的学生中很多是羌族,羌族人民能歌善舞。在汶川大地震后,心理援助志愿工作者从羌族歌曲入手,逐步展开到器乐欣赏,贴近遭受严重心理打击的北川中学学生,用音乐打开他们的心灵。几十顶帐篷里,渐渐地飘出了歌声、乐器声。羌族的祝酒歌、锅庄舞,孩子们自编自创的上学歌以及《外婆的澎湖湾》、《橄榄树》等流行歌曲,伴随着孩子们天真的笑声回响在整个帐篷营地。

　　通过音乐,志愿者和同学们轻松地交流并建立起朋友关系,灾难使同学们更珍惜亲情友情。有个志愿者深有感触地说:"通过这种轻松的交流方式,我们很快就与北川中学的孩子们建立起平等的朋友关系,而不是单纯的救助和被救助的关系。"志愿者经常与学生聊天、拉家常,这个看似不经意的过程,很好地帮助孩子们敞开心扉,消除他们对灾难的恐惧,点燃他们生活的激情。(图5-3)

图5-3

志愿者们也为家庭遭受重创、情绪特别不稳定的同学建立个人档案，和他们保持长期联系，指导他们逐步用音乐平复心情。还设立了一个音乐心理治疗网站，在网站上随时与他们交流。

（五）发挥积极的心理品质，迎接震后的生活

面对如此大的冲击，在灾难发生后，尽速的让我们回复日常的生活状态是最重要的。而您能为自己做的事，是利用以下的方式，试着减轻自己的心理负担与痛苦，早日从灾害的冲击中恢复过来。只有当我们自己可以度过哀伤的时候，才有办法去协助更多需要帮助的人们。我们要做到以下"八要""四不要"。

1. 八要

（1）要接受自己的感觉并将这些感觉与经验说给其他人听；

（2）要保证睡眠与休息，如果睡不好可以做一些放松和锻炼的活动；

（3）要保证基本饮食，食物和营养是我们战胜疾病创伤，康复的保证；

（4）要多给予自己及周围其他亲友鼓励，彼此相互打气、加油，尽量避免批评自己或其他救难人员的救援行动；

（5）要与家人和朋友聚在一起，有任何的需要，一定要向亲友及相关人员表达；

（6）要接受他人诚心提供的帮助与支持；

（7）要尽力使自己的生活作息恢复正常；

（8）要在生活和学习中特别小心，因为在重大的压力下，意外（如车祸）更容易发生。

2. 四不要

（1）不要隐藏感觉，试着把情绪说出来，别忘记家人和孩子都有相同的经历和感受，试着与他们谈谈。并且让家人一同分担悲痛；

（2）不要因为不好意思或忌讳，而逃避和别人谈论自己的痛苦，要让别人有机会了解自己；

（3）不要阻止亲友对伤痛的诉说，让他们说出自己的痛苦，是帮助他们减轻痛苦的重要途径之一；

（4）不要勉强自己和他人去遗忘痛苦，伤痛会停留一段时间，是正常的现象，更好的方式是与我们的朋友和家人一起去分担痛苦。

六、农居抗震措施

我国是一个地震频发的国家,在历次地震中对农村农居破坏都十分严重,特别是 2008 年 5 月 12 日四川省汶川 8.0 级特大地震和 2010 年 4 月 14 日青海玉树 7.1 级地震造成的损失充分说明,农村民居在建房时不同程度地忽略了房屋结构的合理性和抗震要求,导致遭遇破坏性地震时,损失惨重。

目前,我国多数农村农居仍处于抗震不设防状态。因此,在地震灾区恢复重建中,大力提高农村农居抗震性能至关重要。(图 6-1)

图 6-1

（一）选址及地基、基础

地震灾害调查结果表明：农村农居的破坏程度与房屋所在的场地、地基和基础关系密切，需要引起高度重视。

1. 选址原则

房屋要建在开阔、平坦、密实、均匀的土层或稳定的基岩上。

不要在软弱土层、易液化土层、陡坡、河岸、古河道、填埋的塘滨沟谷和半填半挖的人工填土地方建房，更不要在活动断裂带上建房（请到当地政府地震管理部门咨询）。（图6-2）

图6-2

2. 地基处理

（1）夯实法。用振动、振冲、夯锤反复夯击。此法适用处理碎石土、砂土、粉质黏土、湿陷性黄土、素填土和杂填土等地基。

（2）置换法。把原地基中的淤泥质土、松散粉细砂层挖去，用中粗砂、石块、素土填埋并分层夯实。也可采用灰土地基，常用灰土体积比为 2：8 或 3：7。

3. 打好基础

（1）深埋基础。砖基础适合于软土场地，要建在比较好的老土层或经过处理后的土层上。寒冷地区应建在冻土层以下。

（2）基础宽度。若将基础设在未经过处理的软弱土层上，宽度要大些；基础设在坚硬土层上时，宽度可小些。

（3）基础类型。一般分为混凝土基础、砖基础和毛石基础。

（4）加设基础圈梁。遇到地基不均匀时应加设基础圈梁，以防止墙身开裂或裂缝发生。（图 6-3）

图 6-3

(二)砖混结构房屋

砖房屋是以砖墙作为承重构件的房屋,其中,采用木屋盖的为砖木结构;采用钢筋混凝土预制板或现浇钢筋混凝土板屋盖的为砖混结构。符合抗震设防标准的砖房屋有较好的抗震性能。

1. 整体设置要求

(1)房屋外形规则,尽量不要做女儿墙等易损坏的附属构件。

(2)房屋开间不宜过大,多设横墙,优先采用横墙承重。

(3)墙体布局均匀、对称,开洞要合理,不宜过大。

(4)多层砖房屋的高宽比不宜过大。

2. 墙体的增强措施

(1)改善墙体布局。房屋外墙和内横墙前后上下对齐贯通。

(2)限制单片墙体尺寸。门窗尺寸不宜过大,数量不宜过多。

(3)采用正确的砌筑方法。内、外墙尽量同时砌筑;灰浆要饱满,灰缝厚度应控制在8~12毫米;每层砖必须互相错缝搭接。

(4)加强墙角交接处的相互连接,在外墙与外墙,内墙与内墙以及内、外墙交接处设置拉接钢筋。(图6-4)

图 6 - 4

3. 圈梁

圈梁俗称"腰箍",在砖墙的楼层、屋面处设置连续闭合的钢筋混凝土梁。它可有效提高房屋的整体性和抗震能力。圈梁有屋盖圈梁、楼盖圈梁和基础圈梁之分。

圈梁的设置要求:圈梁应设置于房屋的底层、中层、顶层和基础顶层;设置于各层的外墙、内纵墙和内横墙,并与构造柱连接;各层圈梁应形成闭合约束。(图 6 - 5)

圈梁的做法及配筋:先砌筑砖墙,后浇筑构造柱,最后浇筑钢筋混凝土圈梁。

4. 构造柱

钢筋混凝土构造柱是由纵筋和箍筋构成骨架,用钢筋混凝土浇筑而成。构造柱与圈梁一起组成空间骨架,能有效提高房屋整体的抗震能力。

图 6-5

(1)构造柱的设置。构造柱设在房屋外墙四角和大开间房间的四角。(图6-6)

图 6-6

（2）构造柱的配筋要求。构造柱是在墙身的主要转角或其他部位设置的竖立构件，其截面尺寸和配筋要求见表6-1。

表6-1　构造柱构造要求　　　（单位:毫米）

抗震设防烈度	构造柱截面	纵筋	箍筋及间距
7～8度	240×180	4Ø12	Ø6<250
9度	240×240	4Ø14	Ø6<200

（3）构造柱的做法。绑扎钢筋,砌筑砖墙,支模板,浇筑混凝土。

构造柱沿墙高应每500毫米设置两根直径6毫米的拉接钢筋,钢筋每边伸入墙内不小于1000毫米;

构造柱与圈梁连接处,构造柱的纵筋应穿过圈梁,保证构造柱纵筋上下贯通;

构造柱可以不单独设置基础,但应伸入室外地面下500毫米,或锚入浅于500毫米的基础圈梁内;

构造柱与砖墙的结合面应砌成马牙槎,使构造柱与砖墙紧密结合,发挥其对砖墙的约束作用。

5. 屋盖

屋盖的材料种类较多,针对不同情况可采用不同的增强措施,以提高屋盖的抗震能力。

坡面屋盖的支撑通常有纵墙(外纵墙)和横墙(山墙)两种承重。为提高抗震能力应多设横墙,以起到承重作用;控制木屋架的间距(即檩条的跨度)在 4 米以内。以设防烈度Ⅶ度区为例,檩条与山墙之间以及屋架支座可采用简单的锚固措施。

(1)现浇钢筋混凝土屋盖的整体性比预制空心板屋盖要好,值得推广。

(2)对于Ⅸ度区砖混结构,屋盖可以同圈梁一起浇筑,屋盖钢筋应与构造柱的纵筋加以锚固。(图6-7)

图6-7

6. 墙体砂浆和砖的选用

(1)砂浆对砖房质量非常重要,常用的三种砂浆的等级和用料比例(表6-2)。农村砖房建造的砂浆可选用 325 号水泥,砂浆强度等级不低于 M2.5。

表6-2 砂浆配合比参考表

名称	砂浆等级	配合比	材料用量/kg		
		水泥：石灰膏：砂子	水泥	石灰膏	砂子
水泥石灰砂浆	M2.5	1：0.99：8.70	166	164	1450
	M5.0	1：0.71：7.51	193	137	1450
	M7.5	1：0.58：6.90	209	121	1450
	M10	1：0.34：5.89	246	84	1450
	M15	1：0.17：4.83	300	50	1450
水泥粉煤灰砂浆	砂浆等级	水泥：粉煤灰：沙子	水泥	粉煤灰	沙子
	M7.5	1：1.5：10.02	145	217	1450
	M10	1：1.1：7.29	199	219	1450
	M15	1：0.8：5.62	258	206	1450
水泥砂浆	砂浆等级	水泥：沙子	水泥	沙子	
	M2.5	1：7.25	200	1450	
	M5.0	1：6.84	212	1450	
	M7.5	1：6.33	229	1450	
	M10	1：5.35	271	1450	

（2）砖应选用节能环保材料,如混凝土砌块、水泥煤渣混凝土砌块及粉煤灰硅酸盐砌块等。

（三）木结构房屋

木结构房屋是以木构架承受屋顶和楼盖的重量,墙体只是起围护作用,基本不承受屋盖的重量。

1. 合理选择木构架

提高木构造的整体稳定性,是保障木构造房屋抗震能力的关键。木构架有多种类型,其中,门式木构架和木柱木屋架抗震能力较弱,木柁架抗震能力中等,穿斗木构架抗震能力较强。(图6-8)

图6-8

2. 木构架的增强措施

(1)合理设置木构架。屋架尽量采用三支点或多支点立柱;柱与弦之间加设斜支撑;排架顶部之间、柱与柱之间设置剪刀型支撑。

(2)保证立柱强度。立柱直径不可过细,并应采用强度高、不变质、底部经过防腐处理的材料;要将柱脚锚固于埋置地下的基座上,防止滑落。

（3）加强柱梁的连接。梁和柱对接要牢靠。

（4）加强屋架的顶部构造。顶部各杆件之间要用钢筋螺栓和扒钉连接；梁与屋架弦、檩条与屋架弦用螺栓或扒钉连接。

3. 围护墙的增强措施

木结构房屋的围护墙种类较多，主要有土坯墙、砖墙、木板墙、篱笆泥墙等。增强围护墙抗震性能的一般原则与砖房屋类似，另应注意木构架与围护墙的关系：

（1）土坯或砖块围护墙必须砌在木构架的外侧。

（2）木柱与围护墙之间应进行固定连接。（图6-9）

图6-9

（四）石房屋

石房屋是以块石砌筑墙体，作为承重构件的房屋。砌筑材料有未经加工的毛石和经过加工的料石两类。料石砌体房屋抗震性能强于毛石。在9度和9度以上地区不提倡建筑石房屋。（图6-10）

图6-10

1. 整体设置要求

夯实地基，设置石基础；多设横墙，以横墙承重为主；高度与层高适度；尽量采用抗震构造措施。

2. 毛石墙的砌筑方法与增强措施

（1）砌筑方法

采用铺浆法，不要采用铺石灌浆法。

石料交错摆放,分层砌筑,每隔一定高度(约 1.2 米)大体找平一次。

分阶段砌筑墙体时,在墙体交界部位留阶梯形斜槎,其高度不应超过 1.2 米。

每天砌筑高度不应超过 1.2 米,正常气温下停歇 4 小时后可继续砌筑。

(2)增强措施

插入拉接石。在每 0.7 平方米墙面至少应设置一块横向拉结石,均匀分布,相互错开。

在无构造柱的纵横墙交接处采用条石无垫片搭砌;每隔墙高 0.5 米左右添加拉接钢筋网片。

3. 料石墙的砌筑方法及增强措施

(1)砌筑方法。可采用丁顺叠砌法、丁顺组砌或全顺叠砌法。

灰缝厚度:细料石,不宜大于 5 毫米;半细料石,不宜大于 10 毫米;粗料石和毛料石,不宜大于 20 毫米。

砂浆厚度:略高于规定灰缝宽度。

(2)增强措施。纵横墙转角处及交接处应采用无垫片两墙同时砌筑;沿墙高每隔 0.5 米左右设拉结钢筋网片。

4. 石房屋的抗震措施

(1)在每层纵横墙之上设置圈梁,其截面高度不应小于 120 毫米,宽度与墙厚相同。

(2)在多层石房下列部位设置钢筋混凝土构造柱:外墙

四角和楼梯间四角;内外墙交接处(6度设防时每隔一个开间设置,7和8度设防时每个开间设置)。

(3)在多层石房中设置钢筋混凝土抗震横墙。

(五)生土房屋

生土房屋是用未经焙烧的土坯、灰土或夯土做成承重墙体的房屋,也包括土窑洞和土拱房等。生土房屋抗震性能很差,必须采取适当的抗震措施。在抗震设防烈度8度和8度以上地区,不提倡建造生土房屋。

1. 整体设置要求

在抗震设防烈度8度和8度以下地区,生土房屋的整体设置应遵循以下要求。

(1)夯实地基,在基础上设防潮层,对外墙底层做防潮处理。

(2)房屋形状简单、规则。

(3)高度适中,以单层为宜;6度和7度区,灰土墙房屋不得超过两层;8度区灰土墙房屋只能建单层。

(4)开间不宜过大,每个开间均应设有抗震横墙,以横墙为主体承担屋盖重量。

(5)墙体尽可能少开窗、少开洞。

2. 墙体的增强措施

(1)墙体土的选择。应选用黏性强的黏土或亚黏土作为墙体材料。

（2）墙体砌筑。土坯墙必须卧砌，土坯之间要搭接错缝，内外墙要咬槎砌筑；夯土筑墙墙厚不宜小于300毫米，夯打前需湿润，各墙体同时向上施工。

（3）加强墙体间拉接。在墙体连接处添加拉筋，可采用秫秸、苇子、竹片、荆条等作为拉筋材料。

（4）设置圈梁。可采用砖配筋或木质圈梁。（图6-11）

图6-11

3. 屋盖的增强措施

（1）屋盖形状。提倡采用双坡和弧形屋盖。

（2）减轻屋盖重量。采用轻质材料，房屋上部和屋顶不设重物。

（3）木屋盖各构件相互连接。应使用圆钉、扒钉、铅丝等相互连接。

（六）现有农居的抗震加固

目前,我国部分农村的老旧民房抗震性能较差,处于抗震设防烈度 8 度以上地区应局部拆除或推倒重建,一些基础较好的房屋可通过加固地基和基础,增建构造柱、圈梁、横梁和内墙钢丝网抹面等措施,增加抗震能力。

1. 基础加固

（1）在高寒、盐碱以及潮湿地区要防止雨水或生活用水渗入房基,避免损坏房基和墙体。

（2）加深基础或灌浆法提高房屋承载力,分段挖去原来地基土,重新做混凝土墩或砖墩加深基础,也可用石灰桩挤密地基。

2. 墙体加固改造

（1）砖柱或墙垛加固。可采用钢筋砂浆面层加固,也可采用钢构套加固。独立砖柱房屋的纵向,还可通过增设柱间抗震墙进行加固。（图6－12）

（2）墙体的加固。可采用增砌隔墙方法进行加固,但墙体空臌、酥碱、歪闪或有裂缝时,应拆除重砌。

（3）土石墙房屋加固。对墙体质量较差的要拆除重砌;墙体内外倾斜或内外墙无咬砌时,可用打檩条或外砌护墙垛等方法加固;横墙间距超过规定时,要增砌横墙并与檐墙拉接,或采取增强整体性的其他措施。

图 6 - 12

3. 整体结构加固

（1）增加钢筋混凝土构造柱。构造柱一般应布置在房屋外墙四角和中间的横墙处。增加构造柱和墙体的拉接及屋盖处应与钢拉杆、圈梁等可靠连接。无横墙处的新增构造柱，应与屋盖进深梁及屋盖有可靠连接。构造柱应设基础，并应与原基础连接牢固。（图 6 - 13）

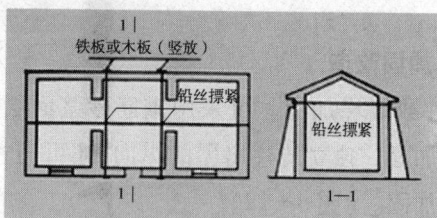

图 6 - 13

（2）增设砖砌隔断墙体。如果房间过大，可通过新增砖砌墙方法，其厚度、砂浆强度要高于原墙等级。新墙与原来的周边墙体、梁柱要通过锚筋、销键或螺栓方式紧密连接。

（3）增设圈梁。老旧房没有圈梁的，补救措施是同时增加圈梁和构造柱。并与原来的基础、墙体、房顶紧密相连,以确保房屋的整体性。

(4)提高木质屋架整体性。当木构件支撑长度不能满足要求时,应增设支托或夹板、扒钉连接。

屋架垫木与墙体应采用螺栓连接。若木件有裂缝一般可用铁箍加固。木柱的柱脚腐朽高度大于 0.3 米时,可采用墩接方法加固。墩接区段可用两道 8 号铅丝捆扎。腐朽高度不大时,应采用整砖墩接法加固。

(5)屋顶的加固改造

房盖预制板被拉开或破损的,可用水泥砂浆重新填实,配钢筋加固,出现移动可用铁管支顶或加砌砖垛。

砖木结构房屋,可用扒钉加强木屋架与檩条的连接,用垫板加强山墙与檩条的连接,木柱之间也要用斜撑加固。

灰渣房顶出现漏雨,人为不断加厚,严重影响抗震性能,应将房顶过重的旧泥灰渣铲掉,重新做一个轻房顶,以解除隐患。(图 6 - 14、6 - 15、6 - 16)

图 6 - 14

图 6 - 15

图 6 - 16

中华人民共和国防震减灾法

（1997 年 12 月 29 日第八届全国人民代表大会常务委员会第二十九次会议通过 2008 年 12 月 27 日第十一届全国人民代表大会常务委员会第六次会议修订）

目　录

第一章　总　　则

第一条　为了防御和减轻地震灾害,保护人民生命和财产安全,促进经济社会的可持续发展,制定本法。

第二条　在中华人民共和国领域和中华人民共和国管辖的其他海域从事地震监测预报、地震灾害预防、地震应急救援、地震灾后过渡性安置和恢复重建等防震减灾活动,适用本法。

第三条　防震减灾工作,实行预防为主、防御与救助相结合的方针。

第四条　县级以上人民政府应当加强对防震减灾工作的领导,将防震减灾工作纳入本级国民经济和社会发展规划,所需经费列入财政预算。

第五条　在国务院的领导下,国务院地震工作主管部门和国务院经济综合宏观调控、建设、民政、卫生、公安以及其他有关部门,按照职责分工,各负其责,密切配合,共同做好防震减灾工作。

县级以上地方人民政府负责管理地震工作的部门或者机构和其他有关部门在本级人民政府领导下,按照职责分工,各负其责,密切配合,共同做好本行政区域的防震减灾工作。

第六条　国务院抗震救灾指挥机构负责统一领导、指挥和协调全国抗震救灾工作。县级以上地方人民政府抗震救灾指挥机构负责统一领导、指挥和协调本行政区域的抗震救灾工作。

国务院地震工作主管部门和县级以上地方人民政府负责

管理地震工作的部门或者机构,承担本级人民政府抗震救灾指挥机构的日常工作。

第七条 各级人民政府应当组织开展防震减灾知识的宣传教育,增强公民的防震减灾意识,提高全社会的防震减灾能力。

第八条 任何单位和个人都有依法参加防震减灾活动的义务。

国家鼓励、引导社会组织和个人开展地震群测群防活动,对地震进行监测和预防。

国家鼓励、引导志愿者参加防震减灾活动。

第九条 中国人民解放军、中国人民武装警察部队和民兵组织,依照本法以及其他有关法律、行政法规、军事法规的规定和国务院、中央军事委员会的命令,执行抗震救灾任务,保护人民生命和财产安全。

第十条 从事防震减灾活动,应当遵守国家有关防震减灾标准。

第十一条 国家鼓励、支持防震减灾的科学技术研究,逐步提高防震减灾科学技术研究经费投入,推广先进的科学研究成果,加强国际合作与交流,提高防震减灾工作水平。

对在防震减灾工作中作出突出贡献的单位和个人,按照国家有关规定给予表彰和奖励。

第二章　防震减灾规划

第十二条 国务院地震工作主管部门会同国务院有关部门组织编制国家防震减灾规划,报国务院批准后组织实施。

县级以上地方人民政府负责管理地震工作的部门或者机构会同同级有关部门,根据上一级防震减灾规划和本行政区域的实际情况,组织编制本行政区域的防震减灾规划,报本级人民政府批准后组织实施,并报上一级人民政府负责管理地震工作的部门或者机构备案。

第十三条 编制防震减灾规划,应当遵循统筹安排、突出重点、合理布局、全面预防的原则,以震情和震害预测结果为依据,并充分考虑人民生命和财产安全及经济社会发展、资源环境保护等需要。

县级以上地方人民政府有关部门应当根据编制防震减灾规划的需要,及时提供有关资料。

第十四条 防震减灾规划的内容应当包括:震情形势和防震减灾总体目标,地震监测台网建设布局,地震灾害预防措施,地震应急救援措施,以及防震减灾技术、信息、资金、物资等保障措施。

编制防震减灾规划,应当对地震重点监视防御区的地震监测台网建设、震情跟踪、地震灾害预防措施、地震应急准备、防震减灾知识宣传教育等作出具体安排。

第十五条 防震减灾规划报送审批前,组织编制机关应当征求有关部门、单位、专家和公众的意见。

防震减灾规划报送审批文件中应当附具意见采纳情况及理由。

第十六条 防震减灾规划一经批准公布,应当严格执行;因震情形势变化和经济社会发展的需要确需修改的,应当按照原审批程序报送审批。

第三章　地震监测预报

第十七条　国家加强地震监测预报工作,建立多学科地震监测系统,逐步提高地震监测预报水平。

第十八条　国家对地震监测台网实行统一规划,分级、分类管理。

国务院地震工作主管部门和县级以上地方人民政府负责管理地震工作的部门或者机构,按照国务院有关规定,制定地震监测台网规划。

全国地震监测台网由国家级地震监测台网、省级地震监测台网和市、县级地震监测台网组成,其建设资金和运行经费列入财政预算。

第十九条　水库、油田、核电站等重大建设工程的建设单位,应当按照国务院有关规定,建设专用地震监测台网或者强震动监测设施,其建设资金和运行经费由建设单位承担。

第二十条　地震监测台网的建设,应当遵守法律、法规和国家有关标准,保证建设质量。

第二十一条　地震监测台网不得擅自中止或者终止运行。

检测、传递、分析、处理、存贮、报送地震监测信息的单位,应当保证地震监测信息的质量和安全。

县级以上地方人民政府应当组织相关单位为地震监测台网的运行提供通信、交通、电力等保障条件。

第二十二条　沿海县级以上地方人民政府负责管理地震工作的部门或者机构,应当加强海域地震活动监测预测工作。

海域地震发生后,县级以上地方人民政府负责管理地震工作的部门或者机构,应当及时向海洋主管部门和当地海事管理机构等通报情况。

火山所在地的县级以上地方人民政府负责管理地震工作的部门或者机构,应当利用地震监测设施和技术手段,加强火山活动监测预测工作。

第二十三条 国家依法保护地震监测设施和地震观测环境。

任何单位和个人不得侵占、毁损、拆除或者擅自移动地震监测设施。地震监测设施遭到破坏的,县级以上地方人民政府负责管理地震工作的部门或者机构应当采取紧急措施组织修复,确保地震监测设施正常运行。

任何单位和个人不得危害地震观测环境。国务院地震工作主管部门和县级以上地方人民政府负责管理地震工作的部门或者机构会同同级有关部门,按照国务院有关规定划定地震观测环境保护范围,并纳入土地利用总体规划和城乡规划。

第二十四条 新建、扩建、改建建设工程,应当避免对地震监测设施和地震观测环境造成危害。建设国家重点工程,确实无法避免对地震监测设施和地震观测环境造成危害的,建设单位应当按照县级以上地方人民政府负责管理地震工作的部门或者机构的要求,增建抗干扰设施;不能增建抗干扰设施的,应当新建地震监测设施。

对地震观测环境保护范围内的建设工程项目,城乡规划主管部门在依法核发选址意见书时,应当征求负责管理地震工作的部门或者机构的意见;不需要核发选址意见书的,城乡规划主管部门在依法核发建设用地规划许可证或者乡村建设规划许可证时,应当征求负责管理地震工作的部门或者机构的意见。

第二十五条　国务院地震工作主管部门建立健全地震监测信息共享平台,为社会提供服务。

县级以上地方人民政府负责管理地震工作的部门或者机构,应当将地震监测信息及时报送上一级人民政府负责管理地震工作的部门或者机构。

专用地震监测台网和强震动监测设施的管理单位,应当将地震监测信息及时报送所在地省、自治区、直辖市人民政府负责管理地震工作的部门或者机构。

第二十六条　国务院地震工作主管部门和县级以上地方人民政府负责管理地震工作的部门或者机构,根据地震监测信息研究结果,对可能发生地震的地点、时间和震级作出预测。

其他单位和个人通过研究提出的地震预测意见,应当向所在地或者所预测地的县级以上地方人民政府负责管理地震工作的部门或者机构书面报告,或者直接向国务院地震工作主管部门书面报告。收到书面报告的部门或者机构应当进行登记并出具接收凭证。

第二十七条　观测到可能与地震有关的异常现象的单位和个人,可以向所在地县级以上地方人民政府负责管理地震工作的部门或者机构报告,也可以直接向国务院地震工作主管部门报告。

国务院地震工作主管部门和县级以上地方人民政府负责

管理地震工作的部门或者机构接到报告后,应当进行登记并及时组织调查核实。

第二十八条　国务院地震工作主管部门和省、自治区、直辖市人民政府负责管理地震工作的部门或者机构,应当组织召开震情会商会,必要时邀请有关部门、专家和其他有关人员参加,对地震预测意见和可能与地震有关的异常现象进行综合分析研究,形成震情会商意见,报本级人民政府;经震情会商形成地震预报意见的,在报本级人民政府前,应当进行评审,作出评审结果,并提出对策建议。

第二十九条　国家对地震预报意见实行统一发布制度。

全国范围内的地震长期和中期预报意见,由国务院发布。省、自治区、直辖市行政区域内的地震预报意见,由省、自治区、直辖市人民政府按照国务院规定的程序发布。

除发表本人或者本单位对长期、中期地震活动趋势的研究成果及进行相关学术交流外,任何单位和个人不得向社会散布地震预测意见。任何单位和个人不得向社会散布地震预报意见及其评审结果。

第三十条　国务院地震工作主管部门根据地震活动趋势和震害预测结果,提出确定地震重点监视防御区的意见,报国务院批准。

国务院地震工作主管部门应当加强地震重点监视防御区的震情跟踪,对地震活动趋势进行分析评估,提出年度防震减灾工作意见,报国务院批准后实施。

地震重点监视防御区的县级以上地方人民政府应当根据年度防震减灾工作意见和当地的地震活动趋势,组织有关部门加强防震减灾工作。

地震重点监视防御区的县级以上地方人民政府负责管理地震工作的部门或者机构,应当增加地震监测台网密度,组织做好震情跟踪、流动观测和可能与地震有关的异常现象观测以及群测群防工作,并及时将有关情况报上一级人民政府负责管理地震工作的部门或者机构。

第三十一条 国家支持全国地震烈度速报系统的建设。

地震灾害发生后,国务院地震工作主管部门应当通过全国地震烈度速报系统快速判断致灾程度,为指挥抗震救灾工作提供依据。

第三十二条 国务院地震工作主管部门和县级以上地方人民政府负责管理地震工作的部门或者机构,应当对发生地震灾害的区域加强地震监测,在地震现场设立流动观测点,根据震情的发展变化,及时对地震活动趋势作出分析、判定,为余震防范工作提供依据。

国务院地震工作主管部门和县级以上地方人民政府负责管理地震工作的部门或者机构、地震监测台网的管理单位,应当及时收集、保存有关地震的资料和信息,并建立完整的档案。

第三十三条 外国的组织或者个人在中华人民共和国领域和中华人民共和国管辖的其他海域从事地震监测活动,必须经国务院地震工作主管部门会同有关部门批准,并采取与中华人民共和国有关部门或者单位合作的形式进行。

第四章 地震灾害预防

第三十四条 国务院地震工作主管部门负责制定全国地

震烈度区划图或者地震动参数区划图。

国务院地震工作主管部门和省、自治区、直辖市人民政府负责管理地震工作的部门或者机构,负责审定建设工程的地震安全性评价报告,确定抗震设防要求。

第三十五条 新建、扩建、改建建设工程,应当达到抗震设防要求。

重大建设工程和可能发生严重次生灾害的建设工程,应当按照国务院有关规定进行地震安全性评价,并按照经审定的地震安全性评价报告所确定的抗震设防要求进行抗震设防。建设工程的地震安全性评价单位应当按照国家有关标准进行地震安全性评价,并对地震安全性评价报告的质量负责。

前款规定以外的建设工程,应当按照地震烈度区划图或者地震动参数区划图所确定的抗震设防要求进行抗震设防;对学校、医院等人员密集场所的建设工程,应当按照高于当地房屋建筑的抗震设防要求进行设计和施工,采取有效措施,增强抗震设防能力。

第三十六条 有关建设工程的强制性标准,应当与抗震设防要求相衔接。

第三十七条 国家鼓励城市人民政府组织制定地震小区划图。地震小区划图由国务院地震工作主管部门负责审定。

第三十八条 建设单位对建设工程的抗震设计、施工的全过程负责。

设计单位应当按照抗震设防要求和工程建设强制性标准进行抗震设计,并对抗震设计的质量以及出具的施工图设计文件的准确性负责。

施工单位应当按照施工图设计文件和工程建设强制性标准进行施工,并对施工质量负责。

建设单位、施工单位应当选用符合施工图设计文件和国家有关标准规定的材料、构配件和设备。

工程监理单位应当按照施工图设计文件和工程建设强制性标准实施监理,并对施工质量承担监理责任。

第三十九条 已经建成的下列建设工程,未采取抗震设防措施或者抗震设防措施未达到抗震设防要求的,应当按照国家有关规定进行抗震性能鉴定,并采取必要的抗震加固措施:

(一)重大建设工程;

(二)可能发生严重次生灾害的建设工程;

(三)具有重大历史、科学、艺术价值或者重要纪念意义的建设工程;

(四)学校、医院等人员密集场所的建设工程;

(五)地震重点监视防御区内的建设工程。

第四十条 县级以上地方人民政府应当加强对农村村民住宅和乡村公共设施抗震设防的管理,组织开展农村实用抗震技术的研究和开发,推广达到抗震设防要求、经济适用、具有当地特色的建筑设计和施工技术,培训相关技术人员,建设示范工程,逐步提高农村村民住宅和乡村公共设施的抗震设防水平。

国家对需要抗震设防的农村村民住宅和乡村公共设施给予必要支持。

第四十一条 城乡规划应当根据地震应急避难的需要,

合理确定应急疏散通道和应急避难场所,统筹安排地震应急避难所必需的交通、供水、供电、排污等基础设施建设。

第四十二条　地震重点监视防御区的县级以上地方人民政府应当根据实际需要,在本级财政预算和物资储备中安排抗震救灾资金、物资。

第四十三条　国家鼓励、支持研究开发和推广使用符合抗震设防要求、经济实用的新技术、新工艺、新材料。

第四十四条　县级人民政府及其有关部门和乡、镇人民政府、城市街道办事处等基层组织,应当组织开展地震应急知识的宣传普及活动和必要的地震应急救援演练,提高公民在地震灾害中自救互救的能力。

机关、团体、企业、事业等单位,应当按照所在地人民政府的要求,结合各自实际情况,加强对本单位人员的地震应急知识宣传教育,开展地震应急救援演练。

学校应当进行地震应急知识教育,组织开展必要的地震应急救援演练,培养学生的安全意识和自救互救能力。

新闻媒体应当开展地震灾害预防和应急、自救互救知识的公益宣传。

国务院地震工作主管部门和县级以上地方人民政府负责管理地震工作的部门或者机构,应当指导、协助、督促有关单位做好防震减灾知识的宣传教育和地震应急救援演练等工作。

第四十五条　国家发展有财政支持的地震灾害保险事业,鼓励单位和个人参加地震灾害保险。

第五章　地震应急救援

第四十六条　国务院地震工作主管部门会同国务院有关部门制定国家地震应急预案,报国务院批准。国务院有关部门根据国家地震应急预案,制定本部门的地震应急预案,报国务院地震工作主管部门备案。

县级以上地方人民政府及其有关部门和乡、镇人民政府,应当根据有关法律、法规、规章、上级人民政府及其有关部门的地震应急预案和本行政区域的实际情况,制定本行政区域的地震应急预案和本部门的地震应急预案。省、自治区、直辖市和较大的市的地震应急预案,应当报国务院地震工作主管部门备案。

交通、铁路、水利、电力、通信等基础设施和学校、医院等人员密集场所的经营管理单位,以及可能发生次生灾害的核电、矿山、危险物品等生产经营单位,应当制定地震应急预案,并报所在地的县级人民政府负责管理地震工作的部门或者机构备案。

第四十七条　地震应急预案的内容应当包括:组织指挥体系及其职责,预防和预警机制,处置程序,应急响应和应急保障措施等。

地震应急预案应当根据实际情况适时修订。

第四十八条　地震预报意见发布后,有关省、自治区、直辖市人民政府根据预报的震情可以宣布有关区域进入临震应急期;有关地方人民政府应当按照地震应急预案,组织有关部门做好应急防范和抗震救灾准备工作。

第四十九条 按照社会危害程度、影响范围等因素,地震灾害分为一般、较大、重大和特别重大四级。具体分级标准按照国务院规定执行。

一般或者较大地震灾害发生后,地震发生地的市、县人民政府负责组织有关部门启动地震应急预案;重大地震灾害发生后,地震发生地的省、自治区、直辖市人民政府负责组织有关部门启动地震应急预案;特别重大地震灾害发生后,国务院负责组织有关部门启动地震应急预案。

第五十条 地震灾害发生后,抗震救灾指挥机构应当立即组织有关部门和单位迅速查清受灾情况,提出地震应急救援力量的配置方案,并采取以下紧急措施:

(一)迅速组织抢救被压埋人员,并组织有关单位和人员开展自救互救;

(二)迅速组织实施紧急医疗救护,协调伤员转移和接收与救治;

(三)迅速组织抢修毁损的交通、铁路、水利、电力、通信等基础设施;

(四)启用应急避难场所或者设置临时避难场所,设置救济物资供应点,提供救济物品、简易住所和临时住所,及时转移和安置受灾群众,确保饮用水消毒和水质安全,积极开展卫生防疫,妥善安排受灾群众生活;

(五)迅速控制危险源,封锁危险场所,做好次生灾害的排查与监测预警工作,防范地震可能引发的火灾、水灾、爆炸、山体滑坡和崩塌、泥石流、地面塌陷,或者剧毒、强腐蚀性、放射性物质大量泄漏等次生灾害以及传染病疫情的发生;

（六）依法采取维持社会秩序、维护社会治安的必要措施。

第五十一条　特别重大地震灾害发生后，国务院抗震救灾指挥机构在地震灾区成立现场指挥机构，并根据需要设立相应的工作组，统一组织领导、指挥和协调抗震救灾工作。

各级人民政府及有关部门和单位、中国人民解放军、中国人民武装警察部队和民兵组织，应当按照统一部署，分工负责，密切配合，共同做好地震应急救援工作。

第五十二条　地震灾区的县级以上地方人民政府应当及时将地震震情和灾情等信息向上一级人民政府报告，必要时可以越级上报，不得迟报、谎报、瞒报。

地震震情、灾情和抗震救灾等信息按照国务院有关规定实行归口管理，统一、准确、及时发布。

第五十三条　国家鼓励、扶持地震应急救援新技术和装备的研究开发，调运和储备必要的应急救援设施、装备，提高应急救援水平。

第五十四条　国务院建立国家地震灾害紧急救援队伍。

省、自治区、直辖市人民政府和地震重点监视防御区的市、县人民政府可以根据实际需要，充分利用消防等现有队伍，按照一队多用、专职与兼职相结合的原则，建立地震灾害紧急救援队伍。

地震灾害紧急救援队伍应当配备相应的装备、器材，开展培训和演练，提高地震灾害紧急救援能力。

地震灾害紧急救援队伍在实施救援时，应当首先对倒塌建筑物、构筑物压埋人员进行紧急救援。

第五十五条 县级以上人民政府有关部门应当按照职责分工,协调配合,采取有效措施,保障地震灾害紧急救援队伍和医疗救治队伍快速、高效地开展地震灾害紧急救援活动。

第五十六条 县级以上地方人民政府及其有关部门可以建立地震灾害救援志愿者队伍,并组织开展地震应急救援知识培训和演练,使志愿者掌握必要的地震应急救援技能,增强地震灾害应急救援能力。

第五十七条 国务院地震工作主管部门会同有关部门和单位,组织协调外国救援队和医疗队在中华人民共和国开展地震灾害紧急救援活动。

国务院抗震救灾指挥机构负责外国救援队和医疗队的统筹调度,并根据其专业特长,科学、合理地安排紧急救援任务。

地震灾区的地方各级人民政府,应当对外国救援队和医疗队开展紧急救援活动予以支持和配合。

第六章 地震灾后过渡性安置和恢复重建

第五十八条 国务院或者地震灾区的省、自治区、直辖市人民政府应当及时组织对地震灾害损失进行调查评估,为地震应急救援、灾后过渡性安置和恢复重建提供依据。

地震灾害损失调查评估的具体工作,由国务院地震工作主管部门或者地震灾区的省、自治区、直辖市人民政府负责管理地震工作的部门或者机构和财政、建设、民政等有关部门按照国务院的规定承担。

第五十九条 地震灾区受灾群众需要过渡性安置的,应当根据地震灾区的实际情况,在确保安全的前提下,采取灵活多样的方式进行安置。

第六十条 过渡性安置点应当设置在交通条件便利、方便受灾群众恢复生产和生活的区域,并避开地震活动断层和可能发生严重次生灾害的区域。

过渡性安置点的规模应当适度,并采取相应的防灾、防疫措施,配套建设必要的基础设施和公共服务设施,确保受灾群众的安全和基本生活需要。

第六十一条 实施过渡性安置应当尽量保护农用地,并避免对自然保护区、饮用水水源保护区以及生态脆弱区域造成破坏。

过渡性安置用地按照临时用地安排,可以先行使用,事后依法办理有关用地手续;到期未转为永久性用地的,应当复垦后交还原土地使用者。

第六十二条 过渡性安置点所在地的县级人民政府,应当组织有关部门加强对次生灾害、饮用水水质、食品卫生、疫情等的监测,开展流行病学调查,整治环境卫生,避免对土壤、水环境等造成污染。

过渡性安置点所在地的公安机关,应当加强治安管理,依法打击各种违法犯罪行为,维护正常的社会秩序。

第六十三条 地震灾区的县级以上地方人民政府及其有关部门和乡、镇人民政府,应当及时组织修复毁损的农业生产设施,提供农业生产技术指导,尽快恢复农业生产;优先恢复供电、供水、供气等企业的生产,并对大型骨干企业恢复生产提供支持,为全面恢复农业、工业、服务业生产经营提供条件。

第六十四条 各级人民政府应当加强对地震灾后恢复重

建工作的领导、组织和协调。

县级以上人民政府有关部门应当在本级人民政府领导下,按照职责分工,密切配合,采取有效措施,共同做好地震灾后恢复重建工作。

第六十五条 国务院有关部门应当组织有关专家开展地震活动对相关建设工程破坏机理的调查评估,为修订完善有关建设工程的强制性标准、采取抗震设防措施提供科学依据。

第六十六条 特别重大地震灾害发生后,国务院经济综合宏观调控部门会同国务院有关部门与地震灾区的省、自治区、直辖市人民政府共同组织编制地震灾后恢复重建规划,报国务院批准后组织实施;重大、较大、一般地震灾害发生后,由地震灾区的省、自治区、直辖市人民政府根据实际需要组织编制地震灾后恢复重建规划。

地震灾害损失调查评估获得的地质、勘察、测绘、土地、气象、水文、环境等基础资料和经国务院地震工作主管部门复核的地震动参数区划图,应当作为编制地震灾后恢复重建规划的依据。

编制地震灾后恢复重建规划,应当征求有关部门、单位、专家和公众特别是地震灾区受灾群众的意见;重大事项应当组织有关专家进行专题论证。

第六十七条 地震灾后恢复重建规划应当根据地质条件和地震活动断层分布以及资源环境承载能力,重点对城镇和乡村的布局、基础设施和公共服务设施的建设、防灾减灾和生态环境以及自然资源和历史文化遗产保护等作出安排。

地震灾区内需要异地新建的城镇和乡村的选址以及地震

灾后重建工程的选址,应当符合地震灾后恢复重建规划和抗震设防、防灾减灾要求,避开地震活动断层或者生态脆弱和可能发生洪水、山体滑坡和崩塌、泥石流、地面塌陷等灾害的区域以及传染病自然疫源地。

第六十八条　地震灾区的地方各级人民政府应当根据地震灾后恢复重建规划和当地经济社会发展水平,有计划、分步骤地组织实施地震灾后恢复重建。

第六十九条　地震灾区的县级以上地方人民政府应当组织有关部门和专家,根据地震灾害损失调查评估结果,制定清理保护方案,明确典型地震遗址、遗迹和文物保护单位以及具有历史价值与民族特色的建筑物、构筑物的保护范围和措施。

对地震灾害现场的清理,按照清理保护方案分区、分类进行,并依照法律、行政法规和国家有关规定,妥善清理、转运和处置有关放射性物质、危险废物和有毒化学品,开展防疫工作,防止传染病和重大动物疫情的发生。

第七十条　地震灾后恢复重建,应当统筹安排交通、铁路、水利、电力、通信、供水、供电等基础设施和市政公用设施,学校、医院、文化、商贸服务、防灾减灾、环境保护等公共服务设施,以及住房和无障碍设施的建设,合理确定建设规模和时序。

乡村的地震灾后恢复重建,应当尊重村民意愿,发挥村民自治组织的作用,以群众自建为主,政府补助、社会帮扶、对口支援,因地制宜,节约和集约利用土地,保护耕地。

少数民族聚居的地方的地震灾后恢复重建,应当尊重当地群众的意愿。

第七十一条　地震灾区的县级以上地方人民政府应当组织有关部门和单位,抢救、保护与收集整理有关档案、资料,对因地震灾害遗失、毁损的档案、资料,及时补充和恢复。

第七十二条　地震灾后恢复重建应当坚持政府主导、社会参与和市场运作相结合的原则。

地震灾区的地方各级人民政府应当组织受灾群众和企业开展生产自救,自力更生、艰苦奋斗、勤俭节约,尽快恢复生产。

国家对地震灾后恢复重建给予财政支持、税收优惠和金融扶持,并提供物资、技术和人力等支持。

第七十三条　地震灾区的地方各级人民政府应当组织做好救助、救治、康复、补偿、抚慰、抚恤、安置、心理援助、法律服务、公共文化服务等工作。

各级人民政府及有关部门应当做好受灾群众的就业工作,鼓励企业、事业单位优先吸纳符合条件的受灾群众就业。

第七十四条　对地震灾后恢复重建中需要办理行政审批手续的事项,有审批权的人民政府及有关部门应当按照方便群众、简化手续、提高效率的原则,依法及时予以办理。

第七章　监督管理

第七十五条　县级以上人民政府依法加强对防震减灾规划和地震应急预案的编制与实施、地震应急避难场所的设置与管理、地震灾害紧急救援队伍的培训、防震减灾知识宣传教育和地震应急救援演练等工作的监督检查。

县级以上人民政府有关部门应当加强对地震应急救援、

地震灾后过渡性安置和恢复重建的物资的质量安全的监督检查。

第七十六条　县级以上人民政府建设、交通、铁路、水利、电力、地震等有关部门应当按照职责分工,加强对工程建设强制性标准、抗震设防要求执行情况和地震安全性评价工作的监督检查。

第七十七条　禁止侵占、截留、挪用地震应急救援、地震灾后过渡性安置和恢复重建的资金、物资。

县级以上人民政府有关部门对地震应急救援、地震灾后过渡性安置和恢复重建的资金、物资以及社会捐赠款物的使用情况,依法加强管理和监督,予以公布,并对资金、物资的筹集、分配、拨付、使用情况登记造册,建立健全档案。

第七十八条　地震灾区的地方人民政府应当定期公布地震应急救援、地震灾后过渡性安置和恢复重建的资金、物资以及社会捐赠款物的来源、数量、发放和使用情况,接受社会监督。

第七十九条　审计机关应当加强对地震应急救援、地震灾后过渡性安置和恢复重建的资金、物资的筹集、分配、拨付、使用的审计,并及时公布审计结果。

第八十条　监察机关应当加强对参与防震减灾工作的国家行政机关和法律、法规授权的具有管理公共事务职能的组织及其工作人员的监察。

第八十一条　任何单位和个人对防震减灾活动中的违法行为,有权进行举报。

接到举报的人民政府或者有关部门应当进行调查,依法处理,并为举报人保密。

第八章　法律责任

第八十二条　国务院地震工作主管部门、县级以上地方人民政府负责管理地震工作的部门或者机构,以及其他依照本法规定行使监督管理权的部门,不依法作出行政许可或者办理批准文件的,发现违法行为或者接到对违法行为的举报后不予查处的,或者有其他未依照本法规定履行职责的行为的,对直接负责的主管人员和其他直接责任人员,依法给予处分。

第八十三条　未按照法律、法规和国家有关标准进行地震监测台网建设的,由国务院地震工作主管部门或者县级以上地方人民政府负责管理地震工作的部门或者机构责令改正,采取相应的补救措施;对直接负责的主管人员和其他直接责任人员,依法给予处分。

第八十四条　违反本法规定,有下列行为之一的,由国务院地震工作主管部门或者县级以上地方人民政府负责管理地震工作的部门或者机构责令停止违法行为,恢复原状或者采取其他补救措施;造成损失的,依法承担赔偿责任:

（一）侵占、毁损、拆除或者擅自移动地震监测设施的;

（二）危害地震观测环境的;

（三）破坏典型地震遗址、遗迹的。

单位有前款所列违法行为,情节严重的,处二万元以上二十万元以下的罚款;个人有前款所列违法行为,情节严重的,处二千元以下的罚款。构成违反治安管理行为的,由公安机关依法给予处罚。

第八十五条　违反本法规定,未按照要求增建抗干扰设施或者新建地震监测设施的,由国务院地震工作主管部门或者县级以上地方人民政府负责管理地震工作的部门或者机构责令限期改正;逾期不改正的,处二万元以上二十万元以下的罚款;造成损失的,依法承担赔偿责任。

第八十六条　违反本法规定,外国的组织或者个人未经批准,在中华人民共和国领域和中华人民共和国管辖的其他海域从事地震监测活动的,由国务院地震工作主管部门责令停止违法行为,没收监测成果和监测设施,并处一万元以上十万元以下的罚款;情节严重的,并处十万元以上五十万元以下的罚款。

外国人有前款规定行为的,除依照前款规定处罚外,还应当依照外国人入境出境管理法律的规定缩短其在中华人民共和国停留的期限或者取消其在中华人民共和国居留的资格;情节严重的,限期出境或者驱逐出境。

第八十七条　未依法进行地震安全性评价,或者未按照地震安全性评价报告所确定的抗震设防要求进行抗震设防的,由国务院地震工作主管部门或者县级以上地方人民政府负责管理地震工作的部门或者机构责令限期改正;逾期不改正的,处三万元以上三十万元以下的罚款。

第八十八条　违反本法规定,向社会散布地震预测意见、地震预报意见及其评审结果,或者在地震灾后过渡性安置、地震灾后恢复重建中扰乱社会秩序,构成违反治安管理行为的,由公安机关依法给予处罚。

第八十九条　地震灾区的县级以上地方人民政府迟报、谎报、瞒报地震震情、灾情等信息的,由上级人民政府责令改正;对直接负责的主管人员和其他直接责任人员,依法给予处分。

第九十条　侵占、截留、挪用地震应急救援、地震灾后过渡性安置或者地震灾后恢复重建的资金、物资的,由财政部门、审计机关在各自职责范围内,责令改正,追回被侵占、截留、挪用的资金、物资;有违法所得的,没收违法所得;对单位给予警告或者通报批评;对直接负责的主管人员和其他直接责任人员,依法给予处分。

第九十一条　违反本法规定,构成犯罪的,依法追究刑事责任。

第九章　附　　则

第九十二条　本法下列用语的含义:

(一)地震监测设施,是指用于地震信息检测、传输和处理的设备、仪器和装置以及配套的监测场地。

(二)地震观测环境,是指按照国家有关标准划定的保障地震监测设施不受干扰、能够正常发挥工作效能的空间范围。

(三)重大建设工程,是指对社会有重大价值或者有重大影响的工程。

(四)可能发生严重次生灾害的建设工程,是指受地震破坏后可能引发水灾、火灾、爆炸,或者剧毒、强腐蚀性、放射性物质大量泄漏,以及其他严重次生灾害的建设工程,包括水库大坝和贮油、贮气设施,贮存易燃易爆或者剧毒、强腐蚀性、放射性物质的设施,以及其他可能发生严重次生灾害的建设工程。

（五）地震烈度区划图,是指以地震烈度（以等级表示的地震影响强弱程度）为指标,将全国划分为不同抗震设防要求区域的图件。

（六）地震动参数区划图,是指以地震动参数（以加速度表示地震作用强弱程度）为指标,将全国划分为不同抗震设防要求区域的图件。

（七）地震小区划图,是指根据某一区域的具体场地条件,对该区域的抗震设防要求进行详细划分的图件。

第九十三条　本法自2009年5月1日起施行。

附录 2

中华人民共和国突发事件应对法

（2007 年 8 月 30 日第十届全国人民代表大会常务委员会第二十九次会议通过）

目　　录

第一章 总 则

第一条 为了预防和减少突发事件的发生,控制、减轻和消除突发事件引起的严重社会危害,规范突发事件应对活动,保护人民生命财产安全,维护国家安全、公共安全、环境安全和社会秩序,制定本法。

第二条 突发事件的预防与应急准备、监测与预警、应急处置与救援、事后恢复与重建等应对活动,适用本法。

第三条 本法所称突发事件,是指突然发生,造成或者可能造成严重社会危害,需要采取应急处置措施予以应对的自然灾害、事故灾难、公共卫生事件和社会安全事件。

按照社会危害程度、影响范围等因素,自然灾害、事故灾难、公共卫生事件分为特别重大、重大、较大和一般四级。法律、行政法规或者国务院另有规定的,从其规定。

突发事件的分级标准由国务院或者国务院确定的部门制定。

第四条 国家建立统一领导、综合协调、分类管理、分级负责、属地管理为主的应急管理体制。

第五条 突发事件应对工作实行预防为主、预防与应急相结合的原则。国家建立重大突发事件风险评估体系,对可能发生的突发事件进行综合性评估,减少重大突发事件的发生,最大限度地减轻重大突发事件的影响。

第六条 国家建立有效的社会动员机制,增强全民的公共安全和防范风险的意识,提高全社会的避险救助能力。

第七条 县级人民政府对本行政区域内突发事件的应对

工作负责;涉及两个以上行政区域的,由有关行政区域共同的上一级人民政府负责,或者由各有关行政区域的上一级人民政府共同负责。

突发事件发生后,发生地县级人民政府应当立即采取措施控制事态发展,组织开展应急救援和处置工作,并立即向上一级人民政府报告,必要时可以越级上报。

突发事件发生地县级人民政府不能消除或者不能有效控制突发事件引起的严重社会危害的,应当及时向上级人民政府报告。上级人民政府应当及时采取措施,统一领导应急处置工作。

法律、行政法规规定由国务院有关部门对突发事件的应对工作负责的,从其规定;地方人民政府应当积极配合并提供必要的支持。

第八条 国务院在总理领导下研究、决定和部署特别重大突发事件的应对工作;根据实际需要,设立国家突发事件应急指挥机构,负责突发事件应对工作;必要时,国务院可以派出工作组指导有关工作。

县级以上地方各级人民政府设立由本级人民政府主要负责人、相关部门负责人、驻当地中国人民解放军和中国人民武装警察部队有关负责人组成的突发事件应急指挥机构,统一领导、协调本级人民政府各有关部门和下级人民政府开展突发事件应对工作;根据实际需要,设立相关类别突发事件应急指挥机构,组织、协调、指挥突发事件应对工作。

上级人民政府主管部门应当在各自职责范围内,指导、协助下级人民政府及其相应部门做好有关突发事件的应对工作。

第九条 国务院和县级以上地方各级人民政府是突发事件应对工作的行政领导机关,其办事机构及具体职责由国务院规定。

第十条 有关人民政府及其部门作出的应对突发事件的决定、命令,应当及时公布。

第十一条 有关人民政府及其部门采取的应对突发事件的措施,应当与突发事件可能造成的社会危害的性质、程度和范围相适应;有多种措施可供选择的,应当选择有利于最大程度地保护公民、法人和其他组织权益的措施。

公民、法人和其他组织有义务参与突发事件应对工作。

第十二条 有关人民政府及其部门为应对突发事件,可以征用单位和个人的财产。被征用的财产在使用完毕或者突发事件应急处置工作结束后,应当及时返还。财产被征用或者征用后毁损、灭失的,应当给予补偿。

第十三条 因采取突发事件应对措施,诉讼、行政复议、仲裁活动不能正常进行的,适用有关时效中止和程序中止的规定,但法律另有规定的除外。

第十四条 中国人民解放军、中国人民武装警察部队和民兵组织依照本法和其他有关法律、行政法规、军事法规的规定以及国务院、中央军事委员会的命令,参加突发事件的应急救援和处置工作。

第十五条 中华人民共和国政府在突发事件的预防、监测与预警、应急处置与救援、事后恢复与重建等方面,同外国政府和有关国际组织开展合作与交流。

第十六条　县级以上人民政府作出应对突发事件的决定、命令,应当报本级人民代表大会常务委员会备案;突发事件应急处置工作结束后,应当向本级人民代表大会常务委员会作出专项工作报告。

第二章　预防与应急准备

第十七条　国家建立健全突发事件应急预案体系。

国务院制定国家突发事件总体应急预案,组织制定国家突发事件专项应急预案;国务院有关部门根据各自的职责和国务院相关应急预案,制定国家突发事件部门应急预案。

地方各级人民政府和县级以上地方各级人民政府有关部门根据有关法律、法规、规章、上级人民政府及其有关部门的应急预案以及本地区的实际情况,制定相应的突发事件应急预案。

应急预案制定机关应当根据实际需要和情势变化,适时修订应急预案。应急预案的制定、修订程序由国务院规定。

第十八条　应急预案应当根据本法和其他有关法律、法规的规定,针对突发事件的性质、特点和可能造成的社会危害,具体规定突发事件应急管理工作的组织指挥体系与职责和突发事件的预防与预警机制、处置程序、应急保障措施以及事后恢复与重建措施等内容。

第十九条　城乡规划应当符合预防、处置突发事件的需要,统筹安排应对突发事件所必需的设备和基础设施建设,合理确定应急避难场所。

第二十条　县级人民政府应当对本行政区域内容易引发

自然灾害、事故灾难和公共卫生事件的危险源、危险区域进行调查、登记、风险评估,定期进行检查、监控,并责令有关单位采取安全防范措施。

省级和设区的市级人民政府应当对本行政区域内容易引发特别重大、重大突发事件的危险源、危险区域进行调查、登记、风险评估,组织进行检查、监控,并责令有关单位采取安全防范措施。

县级以上地方各级人民政府按照本法规定登记的危险源、危险区域,应当按照国家规定及时向社会公布。

第二十一条 县级人民政府及其有关部门、乡级人民政府、街道办事处、居民委员会、村民委员会应当及时调解处理可能引发社会安全事件的矛盾纠纷。

第二十二条 所有单位应当建立健全安全管理制度,定期检查本单位各项安全防范措施的落实情况,及时消除事故隐患;掌握并及时处理本单位存在的可能引发社会安全事件的问题,防止矛盾激化和事态扩大;对本单位可能发生的突发事件和采取安全防范措施的情况,应当按照规定及时向所在地人民政府或者人民政府有关部门报告。

第二十三条 矿山、建筑施工单位和易燃易爆物品、危险化学品、放射性物品等危险物品的生产、经营、储运、使用单位,应当制定具体应急预案,并对生产经营场所、有危险物品的建筑物、构筑物及周边环境开展隐患排查,及时采取措施消除隐患,防止发生突发事件。

第二十四条 公共交通工具、公共场所和其他人员密集场所的经营单位或者管理单位应当制定具体应急预案,为交通工具和有关场所配备报警装置和必要的应急救援设备、设施,注明其使用方法,并显著标明安全撤离的通道、路线,保证安全通道、出口的畅通。

有关单位应当定期检测、维护其报警装置和应急救援设备、设施,使其处于良好状态,确保正常使用。

第二十五条 县级以上人民政府应当建立健全突发事件应急管理培训制度,对人民政府及其有关部门负有处置突发事件职责的工作人员定期进行培训。

第二十六条 县级以上人民政府应当整合应急资源,建立或者确定综合性应急救援队伍。人民政府有关部门可以根据实际需要设立专业应急救援队伍。

县级以上人民政府及其有关部门可以建立由成年志愿者组成的应急救援队伍。单位应当建立由本单位职工组成的专职或者兼职应急救援队伍。

县级以上人民政府应当加强专业应急救援队伍与非专业应急救援队伍的合作,联合培训、联合演练,提高合成应急、协同应急的能力。

第二十七条 国务院有关部门、县级以上地方各级人民政府及其有关部门、有关单位应当为专业应急救援人员购买人身意外伤害保险,配备必要的防护装备和器材,减少应急救援人员的人身风险。

第二十八条 中国人民解放军、中国人民武装警察部队和民兵组织应当有计划地组织开展应急救援的专门训练。

第二十九条 县级人民政府及其有关部门、乡级人民政府、街道办事处应当组织开展应急知识的宣传普及活动和必要的应急演练。

居民委员会、村民委员会、企业事业单位应当根据所在地人民政府的要求,结合各自的实际情况,开展有关突发事件应急知识的宣传普及活动和必要的应急演练。

新闻媒体应当无偿开展突发事件预防与应急、自救与互救知识的公益宣传。

第三十条　各级各类学校应当把应急知识教育纳入教学内容,对学生进行应急知识教育,培养学生的安全意识和自救与互救能力。

教育主管部门应当对学校开展应急知识教育进行指导和监督。

第三十一条　国务院和县级以上地方各级人民政府应当采取财政措施,保障突发事件应对工作所需经费。

第三十二条　国家建立健全应急物资储备保障制度,完善重要应急物资的监管、生产、储备、调拨和紧急配送体系。

设区的市级以上人民政府和突发事件易发、多发地区的县级人民政府应当建立应急救援物资、生活必需品和应急处置装备的储备制度。

县级以上地方各级人民政府应当根据本地区的实际情况,与有关企业签订协议,保障应急救援物资、生活必需品和应急处置装备的生产、供给。

第三十三条　国家建立健全应急通信保障体系,完善公用通信网,建立有线与无线相结合、基础电信网络与机动通信系统相配套的应急通信系统,确保突发事件应对工作的通信畅通。

第三十四条　国家鼓励公民、法人和其他组织为人民政府应对突发事件工作提供物资、资金、技术支持和捐赠。

第三十五条　国家发展保险事业,建立国家财政支持的巨灾风险保险体系,并鼓励单位和公民参加保险。

第三十六条　国家鼓励、扶持具备相应条件的教学科研机构培养应急管理专门人才,鼓励、扶持教学科研机构和有关企业研究开发用于突发事件预防、监测、预警、应急处置与救援的新技术、新设备和新工具。

第三章　监测与预警

第三十七条　国务院建立全国统一的突发事件信息系统。

县级以上地方各级人民政府应当建立或者确定本地区统一的突发事件信息系统,汇集、储存、分析、传输有关突发事件的信息,并与上级人民政府及其有关部门、下级人民政府及其有关部门、专业机构和监测网点的突发事件信息系统实现互联互通,加强跨部门、跨地区的信息交流与情报合作。

第三十八条　县级以上人民政府及其有关部门、专业机构应当通过多种途径收集突发事件信息。

县级人民政府应当在居民委员会、村民委员会和有关单位建立专职或者兼职信息报告员制度。

获悉突发事件信息的公民、法人或者其他组织,应当立即向所在地人民政府、有关主管部门或者指定的专业机构报告。

第三十九条　地方各级人民政府应当按照国家有关规定向上级人民政府报送突发事件信息。县级以上人民政府有关主管部门应当向本级人民政府相关部门通报突发事件信息。专业机构、监测网点和信息报告员应当及时向所在地人民政府及其有关主管部门报告突发事件信息。

有关单位和人员报送、报告突发事件信息，应当做到及时、客观、真实，不得迟报、谎报、瞒报、漏报。

第四十条　县级以上地方各级人民政府应当及时汇总分析突发事件隐患和预警信息，必要时组织相关部门、专业技术人员、专家学者进行会商，对发生突发事件的可能性及其可能造成的影响进行评估；认为可能发生重大或者特别重大突发事件的，应当立即向上级人民政府报告，并向上级人民政府有关部门、当地驻军和可能受到危害的毗邻或者相关地区的人民政府通报。

第四十一条　国家建立健全突发事件监测制度。

县级以上人民政府及其有关部门应当根据自然灾害、事故灾难和公共卫生事件的种类和特点，建立健全基础信息数据库，完善监测网络，划分监测区域，确定监测点，明确监测项目，提供必要的设备、设施，配备专职或者兼职人员，对可能发生的突发事件进行监测。

第四十二条　国家建立健全突发事件预警制度。

可以预警的自然灾害、事故灾难和公共卫生事件的预警级别，按照突发事件发生的紧急程度、发展势态和可能造成的危害程度分为一级、二级、三级和四级，分别用红色、橙色、黄色和蓝色标示，一级为最高级别。

预警级别的划分标准由国务院或者国务院确定的部门制定。

第四十三条　可以预警的自然灾害、事故灾难或者公共卫生事件即将发生或者发生的可能性增大时，县级以上地方各级人民政府应当根据有关法律、行政法规和国务院规定的权限和程序，发布相应级别的警报，决定并宣布有关地区进入预警期，同时向上一级人民政府报告，必要时可以越级上报，并向当地驻军和可能受到危害的毗邻或者相关地区的人民政府通报。

第四十四条　发布三级、四级警报，宣布进入预警期后，县级以上地方各级人民政府应当根据即将发生的突发事件的特点和可能造成的危害，采取下列措施：

（一）启动应急预案；

（二）责令有关部门、专业机构、监测网点和负有特定职责的人员及时收集、报告有关信息，向社会公布反映突发事件信息的渠道，加强对突发事件发生、发展情况的监测、预报和预警工作；

（三）组织有关部门和机构、专业技术人员、有关专家学者，随时对突发事件信息进行分析评估，预测发生突发事件可能性的大小、影响范围和强度以及可能发生的突发事件的级别；

（四）定时向社会发布与公众有关的突发事件预测信息和分析评估结果，并对相关信息的报道工作进行管理；

（五）及时按照有关规定向社会发布可能受到突发事件危害的警告，宣传避免、减轻危害的常识，公布咨询电话。

第四十五条　发布一级、二级警报，宣布进入预警期后，县级以上地方各级人民政府除采取本法第四十四条规定的措

施外,还应当针对即将发生的突发事件的特点和可能造成的危害,采取下列一项或者多项措施:

(一)责令应急救援队伍、负有特定职责的人员进入待命状态,并动员后备人员做好参加应急救援和处置工作的准备;

(二)调集应急救援所需物资、设备、工具,准备应急设施和避难场所,并确保其处于良好状态、随时可以投入正常使用;

(三)加强对重点单位、重要部位和重要基础设施的安全保卫,维护社会治安秩序;

(四)采取必要措施,确保交通、通信、供水、排水、供电、供气、供热等公共设施的安全和正常运行;

(五)及时向社会发布有关采取特定措施避免或者减轻危害的建议、劝告;

(六)转移、疏散或者撤离易受突发事件危害的人员并予以妥善安置,转移重要财产;

(七)关闭或者限制使用易受突发事件危害的场所,控制或者限制容易导致危害扩大的公共场所的活动;

(八)法律、法规、规章规定的其他必要的防范性、保护性措施。

第四十六条 对即将发生或者已经发生的社会安全事件,县级以上地方各级人民政府及其有关主管部门应当按照规定向上一级人民政府及其有关主管部门报告,必要时可以越级上报。

第四十七条 发布突发事件警报的人民政府应当根据事态的发展,按照有关规定适时调整预警级别并重新发布。

有事实证明不可能发生突发事件或者危险已经解除的，发布警报的人民政府应当立即宣布解除警报，终止预警期，并解除已经采取的有关措施。

第四章　应急处置与救援

第四十八条　突发事件发生后，履行统一领导职责或者组织处置突发事件的人民政府应当针对其性质、特点和危害程度，立即组织有关部门，调动应急救援队伍和社会力量，依照本章的规定和有关法律、法规、规章的规定采取应急处置措施。

第四十九条　自然灾害、事故灾难或者公共卫生事件发生后，履行统一领导职责的人民政府可以采取下列一项或者多项应急处置措施：

（一）组织营救和救治受害人员，疏散、撤离并妥善安置受到威胁的人员以及采取其他救助措施；

（二）迅速控制危险源，标明危险区域，封锁危险场所，划定警戒区，实行交通管制以及其他控制措施；

（三）立即抢修被损坏的交通、通信、供水、排水、供电、供气、供热等公共设施，向受到危害的人员提供避难场所和生活必需品，实施医疗救护和卫生防疫以及其他保障措施；

（四）禁止或者限制使用有关设备、设施，关闭或者限制使用有关场所，中止人员密集的活动或者可能导致危害扩大的生产经营活动以及采取其他保护措施；

（五）启用本级人民政府设置的财政预备费和储备的应急救援物资，必要时调用其他急需物资、设备、设施、工具；

（六）组织公民参加应急救援和处置工作，要求具有特定专长的人员提供服务；

（七）保障食品、饮用水、燃料等基本生活必需品的供应；

（八）依法从严惩处囤积居奇、哄抬物价、制假售假等扰乱市场秩序的行为，稳定市场价格，维护市场秩序；

（九）依法从严惩处哄抢财物、干扰破坏应急处置工作等扰乱社会秩序的行为，维护社会治安；

（十）采取防止发生次生、衍生事件的必要措施。

第五十条　社会安全事件发生后，组织处置工作的人民政府应当立即组织有关部门并由公安机关针对事件的性质和特点，依照有关法律、行政法规和国家其他有关规定，采取下列一项或者多项应急处置措施：

（一）强制隔离使用器械相互对抗或者以暴力行为参与冲突的当事人，妥善解决现场纠纷和争端，控制事态发展；

（二）对特定区域内的建筑物、交通工具、设备、设施以及燃料、燃气、电力、水的供应进行控制；

（三）封锁有关场所、道路，查验现场人员的身份证件，限制有关公共场所内的活动；

（四）加强对易受冲击的核心机关和单位的警卫，在国家机关、军事机关、国家通讯社、广播电台、电视台、外国驻华使领馆等单位附近设置临时警戒线；

（五）法律、行政法规和国务院规定的其他必要措施。

严重危害社会治安秩序的事件发生时，公安机关应当立即依法出动警力，根据现场情况依法采取相应的强制性措施，尽快使社会秩序恢复正常。

第五十一条　发生突发事件,严重影响国民经济正常运行时,国务院或者国务院授权的有关主管部门可以采取保障、控制等必要的应急措施,保障人民群众的基本生活需要,最大限度地减轻突发事件的影响。

第五十二条　履行统一领导职责或者组织处置突发事件的人民政府,必要时可以向单位和个人征用应急救援所需设备、设施、场地、交通工具和其他物资,请求其他地方人民政府提供人力、物力、财力或者技术支援,要求生产、供应生活必需品和应急救援物资的企业组织生产、保证供给,要求提供医疗、交通等公共服务的组织提供相应的服务。

履行统一领导职责或者组织处置突发事件的人民政府,应当组织协调运输经营单位,优先运送处置突发事件所需物资、设备、工具、应急救援人员和受到突发事件危害的人员。

第五十三条　履行统一领导职责或者组织处置突发事件的人民政府,应当按照有关规定统一、准确、及时发布有关突发事件事态发展和应急处置工作的信息。

第五十四条　任何单位和个人不得编造、传播有关突发事件事态发展或者应急处置工作的虚假信息。

第五十五条　突发事件发生地的居民委员会、村民委员会和其他组织应当按照当地人民政府的决定、命令,进行宣传动员,组织群众开展自救和互救,协助维护社会秩序。

第五十六条　受到自然灾害危害或者发生事故灾难、公共卫生事件的单位,应当立即组织本单位应急救援队伍和工作人员营救受害人员,疏散、撤离、安置受到威胁的人员,控制危险源,标明危险区域,封锁危险场所,并采取其他防止危害扩大的必要措施,同时向所在地县级人民政府报告;对因本单位的问题引发的或者主体是本单位人员的社会安全事件,有关单位应当按照规定上报情况,并迅速派出负责人赶赴现场开展劝解、疏导工作。

突发事件发生地的其他单位应当服从人民政府发布的决定、命令,配合人民政府采取的应急处置措施,做好本单位的应急救援工作,并积极组织人员参加所在地的应急救援和处置工作。

第五十七条 突发事件发生地的公民应当服从人民政府、居民委员会、村民委员会或者所属单位的指挥和安排,配合人民政府采取的应急处置措施,积极参加应急救援工作,协助维护社会秩序。

第五章 事后恢复与重建

第五十八条 突发事件的威胁和危害得到控制或者消除后,履行统一领导职责或者组织处置突发事件的人民政府应当停止执行依照本法规定采取的应急处置措施,同时采取或者继续实施必要措施,防止发生自然灾害、事故灾难、公共卫生事件的次生、衍生事件或者重新引发社会安全事件。

第五十九条 突发事件应急处置工作结束后,履行统一领导职责的人民政府应当立即组织对突发事件造成的损失进行评估,组织受影响地区尽快恢复生产、生活、工作和社会秩序,制定恢复重建计划,并向上一级人民政府报告。

受突发事件影响地区的人民政府应当及时组织和协调公安、交通、铁路、民航、邮电、建设等有关部门恢复社会治安秩序,尽快修复被损坏的交通、通信、供水、排水、供电、供气、供热等公共设施。

第六十条　受突发事件影响地区的人民政府开展恢复重建工作需要上一级人民政府支持的,可以向上一级人民政府提出请求。上一级人民政府应当根据受影响地区遭受的损失和实际情况,提供资金、物资支持和技术指导,组织其他地区提供资金、物资和人力支援。

第六十一条　国务院根据受突发事件影响地区遭受损失的情况,制定扶持该地区有关行业发展的优惠政策。

受突发事件影响地区的人民政府应当根据本地区遭受损失的情况,制定救助、补偿、抚慰、抚恤、安置等善后工作计划并组织实施,妥善解决因处置突发事件引发的矛盾和纠纷。

公民参加应急救援工作或者协助维护社会秩序期间,其在本单位的工资待遇和福利不变;表现突出、成绩显著的,由县级以上人民政府给予表彰或者奖励。

县级以上人民政府对在应急救援工作中伤亡的人员依法给予抚恤。

第六十二条　履行统一领导职责的人民政府应当及时查明突发事件的发生经过和原因,总结突发事件应急处置工作的经验教训,制定改进措施,并向上一级人民政府提出报告。

第六章　法律责任

第六十三条　地方各级人民政府和县级以上各级人民政府有关部门违反本法规定,不履行法定职责的,由其上级行政机关或者监察机关责令改正;有下列情形之一的,根据情节对直接负责的主管人员和其他直接责任人员依法给予处分：

（一）未按规定采取预防措施，导致发生突发事件，或者未采取必要的防范措施，导致发生次生、衍生事件的；

（二）迟报、谎报、瞒报、漏报有关突发事件的信息，或者通报、报送、公布虚假信息，造成后果的；

（三）未按规定及时发布突发事件警报、采取预警期的措施，导致损害发生的；

（四）未按规定及时采取措施处置突发事件或者处置不当，造成后果的；

（五）不服从上级人民政府对突发事件应急处置工作的统一领导、指挥和协调的；

（六）未及时组织开展生产自救、恢复重建等善后工作的；

（七）截留、挪用、私分或者变相私分应急救援资金、物资的；

（八）不及时归还征用的单位和个人的财产，或者对被征用财产的单位和个人不按规定给予补偿的。

第六十四条 有关单位有下列情形之一的，由所在地履行统一领导职责的人民政府责令停产停业，暂扣或者吊销许可证或者营业执照，并处五万元以上二十万元以下的罚款；构成违反治安管理行为的，由公安机关依法给予处罚：

（一）未按规定采取预防措施，导致发生严重突发事件的；

（二）未及时消除已发现的可能引发突发事件的隐患，导致发生严重突发事件的；

（三）未做好应急设备、设施日常维护、检测工作，导致发生严重突发事件或者突发事件危害扩大的；

（四）突发事件发生后，不及时组织开展应急救援工作，造成严重后果的。

前款规定的行为，其他法律、行政法规规定由人民政府有关部门依法决定处罚的，从其规定。

第六十五条　违反本法规定，编造并传播有关突发事件事态发展或者应急处置工作的虚假信息，或者明知是有关突发事件事态发展或者应急处置工作的虚假信息而进行传播的，责令改正，给予警告；造成严重后果的，依法暂停其业务活动或者吊销其执业许可证；负有直接责任的人员是国家工作人员的，还应当对其依法给予处分；构成违反治安管理行为的，由公安机关依法给予处罚。

第六十六条　单位或者个人违反本法规定，不服从所在地人民政府及其有关部门发布的决定、命令或者不配合其依法采取的措施，构成违反治安管理行为的，由公安机关依法给予处罚。

第六十七条　单位或者个人违反本法规定，导致突发事件发生或者危害扩大，给他人人身、财产造成损害的，应当依法承担民事责任。

第六十八条　违反本法规定，构成犯罪的，依法追究刑事责任。

第七章　附　　则

第六十九条　发生特别重大突发事件，对人民生命财产安全、国家安全、公共安全、环境安全或者社会秩序构成重大威胁,采取本法和其他有关法律、法规、规章规定的应急处置措施不能消除或者有效控制、减轻其严重社会危害,需要进入紧急状态的,由全国人民代表大会常务委员会或者国务院依照宪法和其他有关法律规定的权限和程序决定。

紧急状态期间采取的非常措施,依照有关法律规定执行或者由全国人民代表大会常务委员会另行规定。

第七十条　本法自 2007 年 11 月 1 日起施行。

责任编辑:郑牧野　阮宏波

封面设计:肖　辉

责任校对:王　惠

图书在版编目(CIP)数据

抗震救灾实用手册/中国地震局宣传教育中心.

-北京:人民出版社,2010.5

ISBN 978－7－01－008890－7

Ⅰ.抗… Ⅱ.中… Ⅲ.抗震救灾-手册 Ⅳ.P315.9－62

中国版本图书馆 CIP 数据核字(2010)第 074011 号

抗震救灾实用手册

KANGZHEN JIUZAI SHIYONG SHOUCE

中国地震局宣传教育中心

人民出版社 出版发行

(100706　北京朝阳门内大街166号)

环球印刷(北京)有限公司印刷　新华书店经销

2010年5月第1版　2010年5月北京第1次印刷

开本:850毫米×1168毫米 1/32　印张:4.5

字数:91千字　印数:00,001-10,000册

ISBN 978－7－01－008890－7　定价:10.00元

邮购地址 100706　北京朝阳门内大街166号

人民东方图书销售中心　电话 (010)65250042　65289539